総合編集
髙橋千太郎

構成
仲谷麻希

③ 放射線防護と環境放射線管理

原子力安全基盤科学

京都大学学術出版会

原子力の利用を考える基礎を知るために――刊行にあたって

　2011年3月11日に発生した東京電力福島第一原子力発電所事故[*1]は，軽水炉の事故として史上最悪のものとなった。この事故は，原子力発電の技術的な問題や事業運営上の瑕疵だけでなく，我が国の原子力利用の制度や体制の構造的な問題の存在をも示したと言える。京都大学原子炉実験所は長きにわたり，京都大学研究炉（KUR）などの放射線や核物質を利用する実験設備を全国の共同利用者に提供するとともに，自らも，原子力基礎科学および工学研究に取り組んできた。この立場から，原子力科学研究や関連教育の在り方について改めて問い直すために，2012年から2015年にかけて，原子力安全基盤科学研究プロジェクトを実施した。このプロジェクトは，基礎研究や人材育成を担う大学として，原子力関連の科学研究への新しい取り組みを模索するためのものであった。

　事故によって日本の原子力発電事業に対する信頼は大きく失われたが，その背景には，原子力エネルギー利用の全体像やその基本となる考え方，安全や技術に関する情報などが，国民にほとんど伝えられず，理解されていなかったという現実がある。また，それまでの"安全神話"に対する社会の失望や反発もあって，原子力や原子力安全に関わる様々な情報が錯綜して飛び交い，国民が何を信じてよいか分からないような混乱した状況に至ってしまった。

　本書は，原子力利用に関わる基礎的な知識を提供するとともに，今後の大

[*1] 本書においては，本事故の正式名称を「東京電力福島第一原子力発電所事故」と呼ぶが，本文中では適宜短縮して表記する。その際「福島事故」「福島の事故」等と表示することもあるが，もとよりこの事故は福島県民の皆さんに責がある問題ではない。また福島県に限って影響のある事柄でもない。あくまで，可読性の上での便宜であることを，お断りしておく。

学における原子力科学研究の在り方についての,京都大学原子炉実験所としての考えを紹介するものである。本書では,3つの原子力の基本問題,すなわち「福島第一原子力発電所事故と原子力の安全」,「原子力バックエンドと放射性廃棄物」,「放射線影響と環境放射線管理」について,3つの分冊に分けて扱う。これら3テーマの難解さこそが,原子力利用に対して社会の理解や同意を得られにくいことの,最大の理由になっているからである。読者の皆様が,この3テーマについて全体的に理解した上で,原子力利用の是非や原子力科学研究への取り組みについて考えて頂けることを期待している。

本書は,原子力利用について一歩踏み込んだ理解を求める方,原子力についてこれから学ぼうと考えている方,既に原子力科学に関わる勉学を始めているが一段と深い知識を求めている方,改めて原子力システム全体を俯瞰して見直したい方,などの市民や学生を対象として,包括的な情報や考え方を提供することを目的としている。京都大学原子炉実験所の原子力基礎工学研究部門と京都大学の教員が中心となって執筆にあたったが,一部については,原子炉実験所外の有識者が執筆している。一般的な原子力入門書や原子力批判の書籍とは異なり,筆者等の見解を含めて原子力の基本的な情報を正確に紹介することに努めた。執筆者は,各章のテーマについて丁寧に解説するとともに,テーマに関わる執筆者なりの思いや,特筆すべき個別の課題に対しての突っ込んだ論考を加えている。各テーマについて,できるだけ理解し易い言葉を使って語るよう心掛けた。読者の皆さんが原子力の問題について改めて考えて頂けるきっかけとして,本書を利用して下さることを念じている。

目次

原子力の利用を考える基礎を知るために──刊行にあたって　*i*

はじめに　*ix*

第1章　放射線と放射性同位元素の基礎知識　(髙橋千太郎)

1-1　放射線とは　……………………………………………………… *4*

1-2　放射線の性質と物質との相互作用　………………………… *6*

1-3　放射能・放射線量の単位　……………………………………… *8*
  1-3-1　崩壊数(ベクレル・Bq)
  1-3-2　放射線の物理量
  1-3-3　放射線の防護量
  1-3-4　放射線の実用量
  1-3-5　防護量と実用量の関係

1-4　原子力産業に由来する重要放射性同位元素──人体や環境へ影響の観点から
　……………………………………………………………………… *16*
  1-4-1　核燃料物質およびウラン採鉱に関わる核種
  1-4-2　核反応生成物と核分裂生成物
  1-4-3　放射化生成物

コラム1　内部被曝線量計算に用いる線量係数──BqからSvへ　(稲葉次郎)
　……………………………………………………………………… *20*

第2章　放射線の健康影響とリスク（髙橋千太郎）

- 2-1　放射線影響，その始点から終点まで ················· 28
  - 2-1-1　分子レベルの変化
  - 2-1-2　細胞レベルの影響
  - 2-1-3　個体レベルの障害
  - 2-1-4　個人や社会の損害（デトリメント）

- 2-2　放射線の健康影響の種類と分類 ····················· 32
  - 2-2-1　身体的影響と遺伝的影響
  - 2-2-2　早期影響と晩発影響
  - 2-2-3　確定的影響と確率的影響

- コラム2　胎内被曝による重度精神発達遅滞の発症
  ——広島・長崎のデータが語るもの（髙橋千太郎）··········· 36

- 2-3　放射線の危険度 ································ 41
  - 2-3-1　確定的影響による放射線障害の発生
  - 2-3-2　確率的影響による障害とそのリスク
  - 2-3-3　放射線による発がんのリスクと直線しきい値なし（LNT）仮説

- 2-4　内部被曝の線量評価とそのリスク ··················· 47
  - 2-4-1　線量評価の方法
  - 2-4-2　内部被曝の線量寄与に関係する要因
  - 2-4-3　原子力利用に関係の深い放射性核種の線量係数
  - 2-4-4　過去に経験した人における内部被曝の例

- 2-5　福島第一原子力発電所事故の健康影響 ················ 56

- 2-6　人以外の生物への影響 ··························· 59
  - 2-6-1　これまでの経緯
  - 2-6-2　指標生物と問題とすべき生物影響
  - 2-6-3　福島原発事故による人以外の生物への影響に関する研究

コラム3　人以外の環境生物への影響
　　　　　——野ネズミの線量評価と染色体異常（久保田善久）................ *63*

第3章　放射性物質の環境中移行と被曝評価（髙橋知之）

3-1　環境中での放射性物質の動き *69*
　3-1-1　人に至る経路とその特徴
　3-1-2　平常時に原子力発電所から放出される放射性物質による人への
　　　　　被曝経路
　3-1-3　福島原発事故後における放射性物質による人への被曝経路

3-2　被曝線量の評価 *82*
　3-2-1　被曝線量の評価手法
　3-2-2　原子力施設の安全評価と監視
　3-2-3　福島第一原子力発電所事故時のモニタリングとモデル計算
　3-2-4　モデル評価の特徴と限界
　3-2-5　土壌から農作物への放射性物質の移行

3-3　食品の規制について *94*
　3-3-1　暫定規制値の適用の経緯
　3-3-2　基準値の設定

3-4　事故に伴う食品汚染と預託実効線量 *106*

コラム4　放射線に対抗する
　　　　　——不安解消のための放射線測定，線量測定（山西弘城）........ *109*

コラム5　京都大学から福島県避難所に派遣された職員の被曝線量
　　　　　（木梨友子）... *113*

コラム6　飲食物の放射性物質濃度の変遷（塚田祥文）................... *116*

コラム7　調理・加工で飲食物を除染できるのか？（田上恵子）........ *119*

第4章　環境放射線の監視と管理 （谷垣　実）

4-1　事故に伴う周辺環境の放射能汚染 …………………………………… *123*
- 4-1-1　事故に伴い環境に放出された放射性核種
- 4-1-2　福島第一原子力発電所事故で環境中に放出された放射性物質の挙動
- 4-1-3　計算機による予測
- 4-1-4　事故時の状況
- 4-1-5　海洋における汚染拡散

4-2　事故後の空間線量率とその推移 …………………………………… *132*
- 4-2-1　空間線量と実効線量
- 4-2-2　空間線量率を測定する測定器
- 4-2-3　空間線量率を求める──適当な検出器と注意点

4-3　空間線量率のモニタリング手法とその結果 ………………………… *135*
- 4-3-1　モニタリングポスト
- 4-3-2　歩行サーベイ
- 4-3-3　航空機サーベイ
- 4-3-4　走行サーベイ
- 4-3-5　経時的な推移と将来予測

4-4　環境モニタリングシステムとその問題点 …………………………… *142*
- 4-4-1　事故前に策定されていたモニタリング体制
- 4-4-2　福島第一原子力発電所事故での環境モニタリング
- 4-4-3　何が問題だったのか

4-5　KURAMAの開発 ……………………………………………………… *150*
- 4-5-1　開発の経緯
- 4-5-2　KURAMAの構成
- 4-5-3　KURAMAの運用

4-6　新たな挑戦：KURAMA-II の開発と利用 …………………………… *160*

4-6-1　KURAMA-II の狙い
4-6-2　KURAMA-II の構成
4-6-3　KURAMA-II の現在までの運用
4-6-4　KURAMA-II の今後の展開

4-7　あるべきモニタリングの姿——原子力の安全基盤として ……………… *170*
4-7-1　福島原発事故時のモニタリングで達成すべきであったこと
4-7-2　適切なモニタリングによる避難区域の設定が出来なかった理由
4-7-3　緊急時に何をすべきか
4-7-4　緊急時における KURAMA-II の可能性

コラム8　福島原発事故に伴い放出された放射性物質による海洋汚染と海洋生物への影響（青野辰雄）………………………………… *176*

コラム9　放射線測定の原理と主な放射線測定器について（八島　浩）…… *183*

コラム10　航空機モニタリングによる放射線マップの作成（鳥居建男）…… *186*

コラム11　環境放射線のモニタリングに従事して（斎藤公明）……………… *191*

第5章　原子力利用の安全基盤としての放射線管理（学）
——将来に向けて（谷垣　実・髙橋千太郎）

5-1　放射線管理・防護の国際的なコンセンサス ……………………………… *198*
5-1-1　放射線防護の基準策定に係わる国際的な組織
5-1-2　放射線防護の対象とその考え方の変遷
5-1-3　放射線防護の基本原則

5-2　福島第一原子力発電所事故と放射線防護・管理 ……………………… *206*
5-2-1　ALARA の精神と避難
5-2-2　行為の正当化——利益と損害
5-2-3　最適化の目標点
5-2-4　線量限度と参考レベル，線量拘束値

5-3　環境倫理と原子力利用 …… 214
5-3-1　環境倫理学の特徴
5-3-2　環境倫理学から見た原子力利用の問題点

5-4　放射線防護・管理学の今後の研究方向 …… 218
5-4-1　環境放射線（能）レベルに関する研究
5-4-2　環境中での放射性物質の動態に関する研究
5-4-3　原子力の利用と今後の放射線影響研究

コラム12　京都大学から福島原発事故に関連して行われた職員の派遣
（藤井俊行・佐藤信浩） …… 224

コラム13　放射線を検知する波長変換材の研究
——放射線計測・管理のブレイクスルーを求めて（中村秀仁）　227

参考文献　*229*

おわりに　*238*

索引　*240*

はじめに

　多くの国民がテレビの放映を注視しているなか，東京電力福島第一原子力発電所の原子炉建屋は水素爆発で崩壊した。これまでほとんど気にしたこともない放射性ヨウ素や放射性セシウムが放出され，自分達の生活圏に入ってくる。聞いたことのないベクレルやグレイ，シーベルトという単位が飛び出してくる。それも，メガベクレル，ギガベクレルといった途方もない大きな数字として，あるいは，ミリシーベルトやマイクロシーベルトといった非常に小さい数字として。知識や経験の不足は不安を呼び，被曝という言葉はがんや白血病，不妊や奇形といった放射線の健康影響を想起させ，不安は増大した。

　事故などの緊急時ではない平常時には，一般の方の放射線被曝は年間1ミリシーベルトに規制されている。この1ミリシーベルトという被曝がどの程度に危険なものであるか，つまりどの程度のリスクを生じるか判断がつかなければ，不安に感じるのも無理はない。制限速度が60キロメータ毎時の道路を，70キロメータ毎時で走ると，どの程度のリスクが生じるか，なんとなく予想できる。しかし，年間1ミリシーベルトという線量限度を超えて，年間2ミリシーベルトの被曝をした時のリスクがどの程度のものであるか，筆者のような放射線管理学の研究をしている者にとってはごく当たり前の知識であるが，感覚的に分かる方は事故直後はたいそう少なく，福島原発事故を契機に初めて知ったという方も多いのではないか。そして，そのような分からない，知らないということが，不安や不信を助長し，原子力-放射線-分からないが怖いもの，という連鎖を生じたのである。

　京都大学原子炉実験所では，事故後に政府からの要請により被災者の放射能汚染の検査（スクリーニング）のために職員を派遣するとともに，空間線

量の測定のための車載型モニタリング装置 KURAMA の開発とその運用支援を行ってきた。また，事故の影響評価や環境汚染対策のためのデータの収集と解析，関係機関の委員会等への参加，住民説明会や講演会での講演など，様々な形で福島の復旧と復興に向けて直接的な支援活動を続けてきた。一方，このような直接的な支援活動を行いながら，実験所の多くの研究者は，原子力科学という研究分野の一研究者として，自分は何をしてきたのか，何が今できるのか，将来に向けて何をすべきか，自分自身に問いかけてきたのである。

　その答えの一つとして原子力安全基盤科学研究プロジェクトが創設された。大学という基礎科学を担う組織の研究者として，改めて原子力や放射線の安全を保障する科学分野を見直し，何が不足していたのか，今後どのような研究を行っていくべきかをプロジェクトとして明らかにしようとするものであった。特に，原子力科学という複合科学においてその要素となる個別の研究分野を統合していくことが必要であると考えたからである。このプロジェクトの意義や背景，そして今回の出版に至った経緯は本シリーズの第一分冊「福島第一原子力発電所事故と原子力の安全」の第 1 章を参照されたい。本書は，この原子力安全基盤科学研究プロジェクトの活動を通して得られた成果のうち，主として環境放射線管理と放射線影響に関する分野での成果を取りまとめたものである[*1]。現地での調査や支援活動，実験的な研究，プロジェクト主催の討論会や国際シンポジウム，そして日常的な情報交換や討議の結果や経験に基づき，原子力の安全にかかわる放射線管理や放射線（能）の環境科学について解説を試みた。福島原子力発電所の事故にかかわる放射線管理は本書の重要テーマであるが，それにとどまらず，この分野のこれまでの知見，福島原発事故を通して見えてきたこと，そして将来の変貌まで，幅広い解説を試みた。また，全体の内容や難易度，用語の整合，全体的な論旨の流れの一貫性を保つため，本文は 3 人の著者に絞って執筆された。一方，当該プロジェクトに参加いただいた各研究分野の専門家の先生に，コラムという形で

[*1] 本書に引用した調査や研究データの一部は，環境省委託事業「平成 28 年度原子力影響調査等事業（放射線の健康影響に係る研究事業）」の成果である。

最新の話題や詳細な解説をお願いした。

　福島原子力発電所の事故を契機に，環境中での放射性物質の動態，放射線の人や生態系への影響，そして放射線管理というような分野に興味を持たれた一般の方が，福島原発事故を軸にしつつ，この科学領域について理解いただけるように執筆・編集を行った。また，将来，原子力や放射線関係の職を希望する学生はもとより，環境科学を専攻し有害物質の環境動態について興味をもつ学生にとっても，教科書として，あるいは副読本として利用してもらえるように執筆されている。本書により，放射線管理や環境放射線に関する理解が進み，また，この分野の専門家が育成されることで，福島原発事故からの復旧にいささかなりとも役立つことができれば，著者としてこれほどうれしいことはない。

原子力安全基盤科学 ❸——放射線防護と環境放射線管理

放射線と放射性同位元素の基礎知識

放射線に関する教育が従来不足していたためか，放射線に関する基礎的な知識が社会全般に十分でないきらいがある。私は福島第一原子力発電所事故以前から，京都大学農学部の3年生を対象として原子力施設に起因する放射性物質の環境中での挙動に関する「環境動態学」という講義を担当しているが，講義の冒頭に行うアンケートでは，放射線の基礎的な知識（例えば，電離放射線の種類や特徴，実効線量シーベルト（Sv）の意味など）を，ほとんどの学生が持っていない状況であった。福島第一原発事故の後では，さすがにSvという単位や放射性セシウムの半減期程度は認知されるようになったが，それでもグレイ（Gy）とSvの違いを説明できる学生は皆無である。

　この点については，長年，放射線安全に関する研究や教育に携わってきた筆者としては反省すべき点も多々あるが，諸先輩の名誉のためにはっきりとしておかなければならないのは，このような放射線に関わる教育や知識普及の必要性，当該分野の研究の重要性については福島原発事故の前から認識され，地道な努力がなされてきたことである。しかし，研究開発（R&D）の華やかさに比べ，放射線安全管理のような地味な分野は，研究や教育の現場であまり注目されてこなかった。福島原発の事故の後，一般の方を対象とした放射線安全に関する書籍が多く発刊され，それはそれで歓迎すべきことであるが，それ以前においても多くの優れた一般向けの解説書が刊行され，関係者の間ではそのような知識の普及と関連分野の研究の重要性が強く認識されていたのである。問題の多くは，社会全般が，特に，行政や教育に携わる人たちが，原子力の安全な利用には放射線に関する知識が必須であることを認識し，また，医療をはじめ社会の多様な分野で放射線が広く利用されていくには安全の確保が最重要課題であることを認識し，初中高等教育における放

射線関連教育の充実や一般社会への知識の啓蒙に努めてこなかったことにあるのではなかろうか。

　本章の目的は，他の一般向けの解説書のように放射線や放射性同位元素に関わる全般的な知識や情報を網羅的に説明しようというものではない。第2章以降をお読みいただく前に最低限必要と思われる放射線や放射性同位元素の基礎的な事項を整理し，原子力産業における放射線や放射性物質の安全管理を考えるうえで必要な形で再確認いただくことを目的としている。すでに放射線に関して十分な知識のある読者は読み飛ばして結構かと思うが，全体を通読することで，あらためてこの分野が興際深い，しかし学際的で理解が難しい複合科学であることを実感いただけるのではないかと思う。

1-1　放射線とは

　我が国において「放射線」と記載すれば，これは電離放射線のことを意味している。原子力基本法第3条において，「放射線とは電磁波又は粒子線のうち，直接又は間接に空気を電離する能力をもつもので，政令に定めるものをいう」と規定されていて，広義の放射線に含まれる電波や光は，放射線とは呼ばないでそれぞれの固有の名称，例えば，電波，赤外線，可視光線（光）などと呼ぶことになっている。あるいは，これらを総称して非電離放射線と呼ぶこともある。これに対して，波長の短い（エネルギーの高い）γ（ガンマ）線やX（エックス）線は，物質中を透過する際に電離を引き起こすことから正確には電離放射線と呼ばれ，一般にこれが原子力基本法でいうところの「放射線」である。電離というと，食塩が溶液中でナトリウムイオンと塩素イオンに「電離」する現象を想起するが，電離放射線による「電離作用」は，例えば安定な水分子を，不安定な水素イオンと水酸イオンに電離させるような作用を意味し，むしろラジカル生成と呼んだ方が実態を正確に示しているかもしれない。このような電離作用をもつことこそが，放射線の大きな特徴であり，熱エネルギーに換算すればわずかのエネルギーで人を死に至らしめるような生物学的な効果を生じさせる理由でもある。本書では，「放射線」は「電離放射線」であることをはじめに明記しておく。

第1章 放射線と放射性同位元素の基礎知識

```
┌─────────────┐
│ 広義の放射線 │
└─────────────┘
   すべての粒子線と電磁波

┌─────────────┐
│ 狭義の放射線 │
└─────────────┘
   │  上記のうち電離作用をともなうもの
   │  （電離放射線）
   │
   ├─ ①波長の短い電磁波（光子放射線）──────┐
   │                                                │
   │     電波  赤外線  可視光  紫外線  X線／γ線    │
   │     波長が長い              波長が短い         │
   │                                                ▼
   └─ ②高速粒子の流れ（粒子放射線）
        粒子線のうち，電離作用を起こすような高いエネルギーを持つもの。
        粒子線にはいろいろな種類があり，例えば電子の場合はβ線，
        中性子の場合は中性子線，ヘリウム原子核の場合はα線と呼ぶ。
```

イラスト：FUTO / PIXTA（ピクスタ）

図1-1　放射線とは？

　電離放射線は図1-1に示したように，2種類に大別できる。すなわち光子放射線と粒子放射線である。光子放射線とは光や電波のような電磁波であり，極めて波長の短い電磁波であるX線やγ線がこれにあたる。一方，粒子放射線とは，電子や陽子，中性子，原子核などの高速の流れであり，α（アルファ）線，β（ベータ）線，陽子線，重粒子線などである。X線は1895年にレントゲンが発見した人類が初めて手にした放射線であり，一般的には高速に加速した電子をターゲットと呼ばれる金属などに当てて発生させる。γ線はX線と同じ光子放射線であるが，原子核の壊変（核変換）によって放出されるものであり，その発生するメカニズムの違いでX線と区別される。一方，β線やα線は核変換によって核外に放出される高速の電子やヘリウム原子核であ

る。同じ高速の電子であっても，原子核から核変換に伴って放出されるのではなく，加速器などを用いて人工的に発生させた場合は電子線と呼ばれる。中性子線は，その名の通り中性子の流れである。中性子自体は電荷をもたないが，物質中の原子との相互作用により電離を引き起こすので電離放射線に分類される。ウラン（U）の核分裂によって中性子が放出されることから，原子力と関係の深い放射線である。中性子線は，そのエネルギーを基準にして熱中性子，熱外中性子，高速中性子などに分類される。

1-2 放射線の性質と物質との相互作用

　放射線の重要な性質が，透過性である。レントゲン博士のX線発見を報じた最初の論文に掲載された，指輪をはめた博士夫人の手掌の写真こそが，放射線の透過性を如実に表している。このX線画像は，軟組織の皮膚や筋肉を容易に透過するが骨や指輪の金属を透過しにくいX線の性質を明白に示しており，当時の人々に放射線の透過性について強い印象を与えた。どのような物質をどの程度の距離だけ透過するのか。一般向けの解説書でしばしば利用される図は，α線，β線，γ線がそれぞれ，紙，アルミ薄板，鉛板で遮蔽され，中性子線がこれらをすべて通過しパラフィン板で止まっているものである。概念的に放射線の種類とその透過性を理解するのに有用である。ある物質を放射線が透過できる距離は放射線の種類とエネルギーに依存している。粒子放射線では，どの程度の距離まで透過できるかは，粒子が完全にエネルギーを失って停止するまでの距離，すなわち「飛程」であらわすのが一般的である。エネルギーがE MeV（メガ電子ボルト）のα線の空気中での飛程R（単位は cm）は，以下の式で表わされる。

$$R = 0.323\ E^{3/2}$$

　具体的にこの式を使って飛程を求めてみよう。放射能毒性が強く放射線防護・管理においてやっかいな^{239}Pu（プルトニウム-239）の 5.1 MeV のα線では，Eに 5.1 を代入すると，空気中での飛程Rは 3.7 cm と計算される。水中での飛程はその約 1000 分の 1 となる。つまりα線は物質中をごくわずか

の距離しか透過しない。α線が紙一枚で遮蔽できるのはこのためであるが，その反面，いったん体内に取り込まれると極めて局所的に放射線の線量が高くなるので放射線影響が大きい（放射能毒性が強い）のである。一方，β線の場合は，β線核種から放出される電子の運動エネルギーが均一ではないことと，放出された電子は物質を通過する際に相互作用によって方向が変化することから，α線のように直進して停止する場合とは少し異なった飛程として，最大飛程が使われる。β線における最大飛程とは，放出される電子のエネルギーが最大であり，それがたまたま直進した際のある物質中での通過距離である。β線の最大飛程はそのエネルギーによって異なるが，原子炉施設から放出される ^{3}H（トリチウム）のように非常にエネルギーが低い場合は水中での最大飛程は 6 μm 程度，比較的エネルギーが高い ^{90}Sr（ストロンチウム-90）のβ線でも 1.7 mm 程度であり，アルミ箔一枚で遮蔽できる。一方，中性子線もそのエネルギーによって物質を透過できる距離は異なるが，α線やβ線に比べて長い飛程をもっている。これは中性子が電荷をもたないので原子核と衝突するまで直進するが，原子核の断面積は非常に小さいので，衝突はまれにしか起こらないからである。原子核が密に詰まっている水やパラフィンが中性子線の良い遮蔽材であることは，このことからも分かる。

電磁放射線であるγ線やX線では，その本体が電磁波であるから，その透過度を表す際に粒子放射線のような飛程という概念は適用されず，減弱係数や半価層が透過度を表す指標として使われている。すなわち，光子がある物質に入射したとき，光子束ϕの減弱を表す式は以下のように表される。（注：光子束とは単位面積に入射してくる光子の量）

$$\phi = \phi_0 \cdot B \cdot e^{-\mu X}$$

ここで，ϕ_0 は入射前の光子束，B はビルドアップ係数，μ は線減弱係数（cm^{-1}），X は物質の厚さである。つまりこの式は，入ってきた光子の量がある距離を進むとどの程度に減少するかを示している。光子は散乱といって色々な方向に曲がって進み，単純には減少しないので，その補正のためにビルドアップ係数が組み込まれている。また，この式から半価層も計算することができる。半価層とは，その名のとおり入射前の光子束を半分にするのに必要

な物質の厚さのことである。ある物質における半価層が大きいということは，それだけ透過力が大きいということになる。

このように放射線は物質を通過していき，その途中で物質の原子と様々な相互作用を起こす。α線やβ線と物質との相互作用において重要なものは励起とイオン対生成である。電磁放射線のγ線やX線では，光電効果，コンプトン散乱，さらにエネルギーの高い場合は電子対生成などの相互作用を起こす。これらの結果，通過した物質中では電離（イオン化）が直接的に生じるのである。一方，電荷をもたない中性子線では，物質中の原子核との弾性および非弾性衝突および中性子捕獲が主要な相互作用であり，そのような相互作用により生じた粒子放射線やγ線によって2次的に物質中に電離が生じる。放射線の生物効果は，このような電離により生じる生体分子の化学的な変化の結果であり，時間的に極めて短時間に生じる分子レベルの変化が，長時間を経て個体レベルでの放射線影響として発現していく。

1-3 放射能・放射線量の単位

1-3-1 崩壊数（ベクレル・Bq）

放射能の基本的な単位はベクレル（Bq）であり，1秒間あたりの原子核の壊変（崩壊）数である。かつて使われていた壊変毎秒（dps, decays per second）と同じ意味の国際単位系（SI）単位である。どうしても大きな数字になるので，キロ（k），メガ（M），ギガ（G）などのSI接頭語を付して使用することが多い。旧単位はキュリー（Ci）であり，1gの^{226}Ra（ラジウム-226）の壊変数（3.7×10^{10} 毎秒）と定義されているから，1 Ci は 37 GBq ということになる。

1-3-2 放射線の物理量

放射線量の単位は，大きく3つに分けることができる。物理量，防護量，および実用量である。現在，一般的に使われている単位の名称とその関係を図 1-2 に示した。

物理量とは，放射線によって対象物質に誘起される電離や付与されるエネ

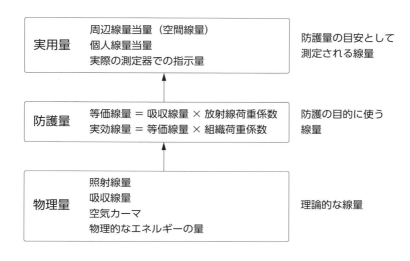

図1-2　放射線の3つの量

ルギーを基準とするものであり，照射線量や吸収線量，カーマと呼ばれる放射線量がこれにあたる。前述のように放射線が物質に入射すると，$α$線や$β$線では物質中の原子に直接作用して電離や励起を引き起こし，$γ$線やX線では光電効果やコンプトン効果などによって物質にエネルギーを与える。放射線がある物質を通過した際に単位質量あたりに生じる電離量を基準とした線量が照射線量であり，電離の量であるから単位はクーロン/質量（C/kg）と定義されている。従来から使われている照射線量の単位1レントゲン（R）は空気1 kg 質量あたり 2.58×10^{-4} C の電離を誘起する放射線量である。これに対し，電離量ではなく，放射線から物質が受け取ったエネルギーを基準とした線量は吸収線量と呼ばれ，単位質量あたりに与えられたエネルギーの量として定義され，Gy（=J/kg）という単位で表される。また，$γ$線や中性子線のような電荷をもたない放射線については，放射線が物質中で相互作用したことで生じたすべての荷電粒子のもつ運動エネルギーの合計を指標とすることがある。これをカーマと呼び，単位は吸収線量と同じ Gy である。吸収線量を知りたい領域とその外の領域との間での放射線により発生した荷電

粒子のやりとりが無視できる場合，カーマと吸収線量は一致する。特に空気についてのカーマを空気カーマと呼ぶ。なお，カーマとは「物質中に放出される運動エネルギー（kinetic energy released in materials）」の英語頭文字の略称である。

1-3-3　放射線の防護量

　防護量というのは，物理量に生物学的な効果や人での発がんリスクなどに関する係数を乗じたものであり，放射線防護・管理の目的に使用される単位である。等価線量と実効線量がこれにあたる。等価線量は，同じ吸収線量であっても，放射線の種類によって生じてくる生物学的な効果が異なることから，吸収線量に放射線ごとの生物学的な効果を表す係数を乗じたものである。放射線防護の目的では，国際放射線防護委員会（ICRP: International Commission on Radiological Protection）が勧告する放射線荷重係数が用いられている[1][2]。すなわち，

$$\text{吸収線量（Gy）} \times \text{放射線荷重係数} = \text{等価線量（Sv）}$$

である。放射線荷重係数*1 としては，我が国の法令では ICRP の 1990 年の勧告に準拠した値（表 1-1）が使われているが，ICRP の新しい勧告（2007 年）[1] では，中性子線に対して連続関数として係数が与えられるなど，一部変更がなされている。放射線荷重係数は放射線の生物効果を補正するものであり，γ 線や X 線は 1 であるから吸収線量 1 Gy のとき等価線量は 1 Sv となる。これに対し α 線の放射線荷重係数は 20 とされており，α 線を吸収線量として 1 Gy 被曝すると，等価線量は 20 Sv と計算され，生物効果を考えた等価線量は吸収線量の 20 倍になる。

　放射線の防護量として広く使われているのが実効線量である。実効線量は放射線が人に及ぼす影響を基準として設定された単位である。第 4 章で詳しく述べるが，低線量放射線の人体への影響では，がんや肉腫といった悪性新生物による死や次世代での遺伝的な疾患による死が重要である。しかしなが

＊1　現在，ICRP 勧告の日本語訳では「荷重係数」は「加重係数」としている。

表1-1　ICRP1990年勧告における放射線荷重係数

放射線の種類	ICRP1990年勧告での放射線荷重係数
X線・γ線・β線（電子線）	1
中性子線	エネルギーに依存し，5～20
陽子線	5
α線・重原子核・核分裂片	20

ら，このような影響の現れ方は，放射線を受ける部位や臓器ごとに異なっている。そこで上述の等価線量に，身体の部位や臓器ごとの影響の程度を表す危険度（ICRPの組織荷重係数）を乗じた線量として実効線量が定義されている。図1-3は，実効線量をもう少し具体的に説明したものである。図の右側部分は上述の組織荷重係数であり，身体の臓器ごとの癌による致死の危険度（リスク）を示している。上側のAさんは，放射性ヨウ素（^{131}I）の内部被曝によって甲状腺に吸収線量として200 mGyの放射線被曝を受けているとする。この吸収線量はβ線とγ線によるものであるから，等価線量は200 mSvである。Aさんがこれ以外の臓器には被曝していないとすると，実効線量は等価線量に右側の表に示されている甲状腺に対する組織荷重係数0.05を乗じて「200 mSv × 0.05 = 10」と計算され，10 mSvとなる。一方，図の左下側のBさんは，全身に均等に10 mGyの吸収線量でγ線の被曝をしたものとする。すべての臓器で等価線量は10 mSvであり，組織荷重係数の合計値1を掛けて，実効線量は10 mSvと計算される。甲状腺の等価線量を見れば200と10であり，Aさんの方が20倍，甲状腺がんによる死亡のリスクは高いといえるが，一方，Bさんは全身に等価線量で10 mSvの被曝をしており，各組織・臓器ごとに組織荷重係数を掛け算して実効線量を計算し，これを合計すると実効線量は10 mSvとなることから，がんや遺伝的影響による致死リスクという観点では二人とも同じ程度のリスクをもつ放射線被曝をしたことになる。このように実効線量は身体の各組織や臓器における致死リスクという実際の生物効果を尺度とした放射線の量である。

　実効線量の派生形ともいうべきものに，預託実効線量がある。体内に取り込まれた放射性物質は，その物質が体外へ排泄されたり，物理的半減期に従

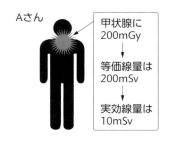
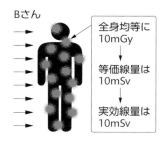

	1990年勧告	2007年勧告
生殖腺	0.20	0.08
骨髄	0.12	0.12
結腸	0.12	0.12
肺	0.12	0.12
胃	0.12	0.12
膀胱	0.05	0.04
乳房	0.05	0.12
肝臓	0.05	0.04
食道	0.05	0.04
甲状腺	0.05	0.04
皮膚	0.01	0.01
骨表面	0.01	0.01
唾液腺	-	0.01
脳	-	0.01
残りの組織・臓器	0.05	0.12
合計	1.00	1.00

図1-3 実効線量の具体的な例と組織荷重係数

って壊変してなくなるまで，体内に存在して内部被曝を生じることになる。この場合の実効線量は，摂取後50年間（乳幼児や小児では70年）に受ける線量を摂取時に受けたものとみなし，この線量を預託実効線量と呼んでいる。ICRPでは，放射性核種を経口摂取した時は口に入ってから排泄されるまでの挙動について，吸入摂取した時は呼吸による吸入後の放射性核種の挙動について，それぞれ，いわゆる消化管モデルおよび呼吸器代謝モデルを策定している[3][4][5][6]。そして，放射性核種ごとに，さらに必要な場合はその化学形ごとに，このモデルを使って人の体内での動きを予測し，その放射性核種を1 Bq 摂取した時の預託実効線量を求めるための線量係数（実効線量換算係数

ともいう）を勧告している。なお，ICRP の線量係数については，コラム①で詳しく解説されている。

1-3-4　放射線の実用量

　前節で述べた等価線量や実効線量は放射線防護の目的に利用されている線量であるが，実際の放射線管理の現場で直接に測定することはできない。例えば，ある臓器の等価線量を決定するには，その臓器内に検出器を埋め込んだりしなくてはならないが，そのようなことは不可能であることは言うまでもない。そのため，サーベイメータやポケット線量計といった測定機器を用いて測定できる値，いわゆる「実用量」と呼ばれる放射線量が用いられている。実用量としては周辺線量当量，個人線量当量などがある。周辺線量当量とは，人体での測定の代わりに人体軟組織の組成（密度 1 g/cm^3，76.2 ％の酸素，11.1 ％の炭素，10.1 ％の水素および 2.6 ％の窒素）を模した直径 30 cm の球（国際放射線単位測定委員会（ICRU）の球と呼ばれる）を定義し，この ICRU 球を放射線場に置いた時の表面からの深さ d の位置における線量である。中性子や γ 線のように透過力の強い放射線の場合，d = 10 mm（H*(10)）が用いられる。この H*(10) は常に実効線量よりも大きな値を与えることが知られている。通常使用されているサーベイメータは，この H*(10) を正しく測定するよう設計・校正されている。

　一方，個人線量当量とは，人体表面の指定された点の深さ d における軟組織中の線量当量 $H_p(d)$ のことをいう。周辺線量当量が球により定義されているのに対し，この個人線量当量は人体の形で定義されているとも言える。通常，人体表面の指定された点としては，ポケット線量計やガラスバッジといった個人線量計の装着場所である体幹部前側が指定され，実効線量の評価には d = 10 mm，皮膚や手足の等価線量の評価には d = 0.07 mm が勧告されている。定義でも明らかであるが $H_p(d)$ は指定された点に依存するため，$H_p(d)$ の測定機器の選択や使用には注意が必要である。例えば，体幹部前面に装着を指定されている個人線量計の場合，放射性物質を取り扱う業務に従事する者が放射性物質を操作する際の被曝を管理することを想定しており，背面からのみの被曝や手足のみの被曝などが想定される場合には適切な評価ができ

ない恐れがある。

　以上からわかる通り，ある地点でサーベイメータにより測定される線量（率）や新聞などで公表されている線量（率）と，その場所にいる人が個人被曝線量計（ガラスバッジやポケット線量計）を着用して測定した線量（率）が異なることは決して不思議ではなく，異なる実用量である以上むしろ当然であると言える。

　この後の第2章，第3章では，主に周辺線量当量（率）（すなわち空間線量（率））でその場所の放射線量があらわされているが，ここまでで説明した事情により個人線量当量とは少し違う値となる。

1-3-5　防護量と実用量の関係

　ここで，防護量と実用量の関係についてもう少し考えてみる。実効線量は実際に起きる千差万別の条件での被曝において，それぞれの被曝の危険性を個体ごとに定量的に比較できるようにした放射線量である。つまり，どのような状況で被曝したとしても，各々の臓器や組織の影響の度合いを勘案して足し算した線量が実効線量であり，これを基準として管理していれば，それぞれの状況の被曝によって受ける危険性の度合いを比較することができる。そのため，放射線防護のための計画の立案や規制における限度の設定といった目的で使う量，すなわち防護量とするのが適切である。

　しかし，等価線量や実効線量は実際に測定することができない。そこで，実際の管理業務では，測定が可能で等価線量や実効線量を確実に上回ることがわかっている量（例えば周辺線量当量）を測定し，常に防護量がより安全側であることをもって危険性の評価の妥当性を保証することになる。この測定可能な量が実用量である。例えば，γ線による全身の一様な被曝が想定される場所での被曝管理を行う際，γ線のH*(10)（実用量）を測定できるサーベイメータを使って1 µSv/hを確認しながらその場所で1時間作業をしたとすると，その時の作業者の実効線量（防護量）は1 µSvよりも小さくなることが保証される，というわけである。では，実用量である個人線量等量と，防護量である実効線量とは，どの程度一致するのであろうか？　放射線のエネルギーによっては多少の相違があるが，実用量の方が安全側になっている

（個人線量等量の方が実効線量より大きい値となる）。放射線医学総合研究所では，福島原発事故による環境汚染に伴う被曝状況において種々の測定を行い，結果として「個人線量等量 $H_p(10)$ に対して校正されている電子式個人線量計は，放射性物質が地表面に分布しているような放射線場において，住民の実効線量をほぼ過小評価することなく評価できることを実証した」としている[7]。福島第一原子力発電所事故に関わる環境放射能汚染に関連して周辺線量当量（空間線量）が用いられることが多いが，これは個人線量等量 $H_p(10)$ より 30％程度大きな値であり，個人線量等量 $H_p(10)$ は概ね実効線量に等しいと考えてよい。

　先に述べた通り，防護量が測定できない量であることから，実用量で防護量が担保できるかどうかについてはモデルによる計算に基づいて評価が行われている。国際放射線防護委員会（ICRP）の勧告では，標準男性と標準女性というモデルを想定し，それに対するシミュレーションで評価している。しかしながら，実用量は合理的に防護量を担保できればよいため，必ずしもここまでで説明した放射線量をすべて用いる必要はないことにも留意すべきであろう。例えば 2010 年時点の環境放射線モニタリング指針でも，緊急時には「第 1 段階モニタリングにおいては，1 Gy = 1 Sv とする。」という指針が示されている[8]。これは，精度よりも迅速に被害の状況を把握することが重要である初期のモニタリングにおいて，必ずしも外部被曝を評価するために設置されているわけではない検出器の結果も含めて活用し，緊急時の迅速な状況把握を実現することを目的としている。すなわち，その使用目的に応じて臨機応変に使用する単位を選択することがあってよいのである。重要なことは，それらの単位の相互の関係をつかんでおくことであろう。

　その様な関係を概念的に理解するため，人体にエネルギーのことなるγ線を照射した時の吸収線量に対する実効線量と周辺線量当量，緊急時換算係数を図 1-4 に示す。このグラフからわかる通り，周辺線量当量 $H^*(10)$ は方向によらず実効線量に対して過大であり，周辺線量当量 $H^*(10)$ で評価しておくことで実効線量を安全側に担保できる。特に放射線取扱業従事者は線源を操作しながら作業することが多いことから，前方照射の条件に近い照射を受けていると考えられるが，その場合に対しても過大な値を与えており，放射

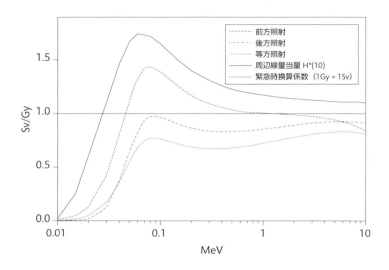

図1-4 吸収線量と実効線量および周辺線量当量，緊急時換算係数の関係（ICRP 1996, ICRP 2010）
前方照射とは人体前面からの照射の場合，後方照射は背面からの照射の場合，等方照射は全方向から均等に照射した場合。緊急時換算係数は本文中の第1次モニタリングの際の 1 Gy = 1 Sv。

線取扱業務従事者の管理の指標として適切である。また一般に緊急時すなわち事故における被曝は，環境中に放射性物質が拡散した際の被曝であり，人体に対し四方八方から照射される等方照射に近い条件と考えられる。このことを踏まえると，緊急時の第1次モニタリング時の換算係数は迅速な把握という観点からみて妥当な係数と言える。また，緊急時の指標として H*(10) を用いても実効線量を安全側に担保できるが，H*(10) が実効線量の約2倍までの過大な評価を与える可能性があることにも留意しておかねばならない。

1-4 原子力産業に由来する重要放射性同位元素
——人体や環境へ影響の観点から

本節では，原子力エネルギーの利用に伴って，人がどのような放射性同位

元素に遭遇するのか，人体や環境への影響という観点から重要な放射性同位元素（放射性核種）にはどのようなものがあるのかを見ていく。原子力エネルギーの利用において特に放射線被曝の危険性や放射性同位元素の環境放出という点で重要なものは，現時点では核分裂エネルギーの利用である。将来的には核融合も利用される可能性があるが，現時点でエネルギー利用ということになるとウラン（U）やプルトニウムの核分裂に伴うエネルギーの利用，つまり原子力発電ということになる。ここでは，原子力発電に焦点をしぼって述べることにする。全体を簡単に図 1-5 としてまとめたので，本文と合わせて参照いただきたい。

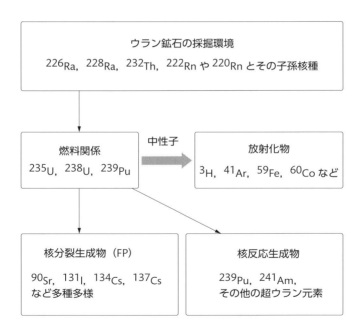

図1-5　原子力発電に関連して人の健康影響という点から重要な放射性核種

1-4-1 核燃料物質およびウラン採鉱に関わる核種

原子力発電における核燃料物質として最も重要な放射性核種がウラン（^{235}U および ^{238}U）である。ともに α 線を出すので内部被曝の影響が問題となる。ただし、比放射能が低い（質量あたりの放射能量が少ない）ので、放射線による障害よりも化学物質としての影響（化学毒性）が問題になることが多い。天然ウランを実験動物に投与しても、がんの発生より腎臓の機能低下（腎毒性）での死亡が多く見られる。ウランの採鉱においては、ウランそのものの影響もさることながら、共存する ^{226}Ra（ラジウム-226）や ^{224}Ra（ラジウム-224）といった核種が作業者の健康影響という点で問題となることが多く、それらに起源をもつ ^{222}Rn（ラドン-222）や ^{220}Rn（ラドン-220）（いわゆるトロン）とその子孫核種の吸入摂取が問題となる。第4章で述べるように、ウラン鉱夫における肺がん発生率は有意に高く、^{222}Rn などの吸入による内部被曝影響の人体例として疫学的な調査が行われてきている。

1-4-2 核反応生成物と核分裂生成物

ウランの核分裂によって出てくる中性子とウランの核反応によって生成するプルトニウムやアメリシウム（Am）といった超ウラン元素は核反応生成物とよばれている。代表的な放射性核種としては ^{239}Pu や ^{241}Am（アメリシウム-241）があり、再処理により使用済み核燃料から分離され、プルサーマル（プルトニウム（Pu）を軽水炉で使用すること）における混合酸化物燃料（酸化ウランと酸化プルトニウムの混合燃料、MOX 燃料と呼ばれる）や高速増殖炉の燃料に用いられる。放射能毒性の比較的弱い ^{235}U や ^{238}U に対して、^{239}Pu や ^{241}Am は α 線放出核種であり、放射能毒性が強く、人の健康への影響という点で危険性の高い核種である。特に、吸入摂取された場合が問題であり、長期に肺に滞留して肺がんを誘発し、また、一部は溶解して骨に集積して骨腫瘍を誘発することが懸念されている。

ウランやプルトニウムが核分裂を起こすと、分裂により生じた断片ともいうべき核種ができ、核分裂生成物（フィッションプロダクト、FP）と呼ばれている。核分裂においては、同じ程度の大きさ（原子量）の核が2つできるのではなく、不均等に分裂する。例えば ^{235}U が核分裂すると、原子量が120

ぐらいの核種が2つできるのではなく、90と140ぐらいの原子量の核種に分裂する確率が高い。核分裂生成物の中でも半減期の短いものは、生成後すぐに崩壊していくので問題とならず、ある程度半減期が長く、収率（生成する割合）が大きい元素が環境や人体への影響という点では問題となる。福島原発事故後の環境汚染で問題になった放射性ヨウ素や放射性セシウム（^{134,137}Cs）は収率が高く、事故時に環境中へ散逸しやすいことから人の健康影響の点で重要な核種である。

1-4-3 放射化生成物

　前節の核反応生成物や核分裂生成物は、通常時には燃料棒と呼ばれる金属製の細管の中に密閉されている。したがって、事故などにより燃料棒が破損したり、あるいは、再処理のために燃料棒を切断したりした時点から、作業環境や自然環境において人の健康に影響を及ぼす放射性核種として問題となってくる。一方、原子炉を通常通りに運転していても、その冷却に用いる水や空気、原子炉の構造体は中性子の照射を受け、それに伴って放射性同位元素ができてくる。放射化と呼ばれる現象である。原子力発電所の通常運転時では、冷却水中に微量含まれている重水素の放射化に伴うトリチウム（^{3}H）、おなじく冷却水に含まれる鉄（Fe）やコバルト（Co）の放射化物が人の健康への影響という点で重要な放射性核種である。再処理の工程においては、使用済み燃料に含まれる^{3}Hが環境中に放出されるが、これは核分裂生成物のカテゴリーに入る。また、空気中に含まれる希ガスのアルゴンが放射化して生成する^{41}Ar（アルゴン-41）は通常の運転時に原子炉施設から放出される放射性核種としては周辺の住民への線量寄与という点で重要な核種である。

　以上、見てきたように原子力の利用に伴って多くの放射性核種が生成し、平常時・事故時を問わず環境中にそのいくばくかが放出され、私達は放射線被曝を受けるのである。次章ではその放射線被曝によってもたらされる健康影響について述べる。

COLUMN
コラム 1

内部被曝線量計算に用いる線量係数 BqからSvへ

放射線影響協会
稲葉次郎

　環境に放出された放射性核種による内部被曝線量は，まず放射性核種の摂取量を実測あるいは計算により推定し，それに放射性核種の単位摂取量と臓器組織が受ける線量との関係を表す「線量係数」を乗じて実効線量あるいは等価線量を算定することによって求められる。

　「線量係数」は，放射線防護のための内部被曝線量計算に用いることを念頭に置いて，ICRPが標準的な体格と生理条件を持ち標準的な生活をしている標準人に基づき導出したものである。後述するように本来複雑な内部被曝の線量計算を簡便にするという意味ではきわめて重要な係数であり，実際に職業被曝あるいは公衆被曝の内部被曝放射線防護を考える上であらゆる場合にICRPの線量係数が用いられている。

　筆者は長くICRPのメンバーとして内部被曝の線量評価に関わる研究に従事してきており，ここではICRPの線量係数がどのように誘導されているかその道筋を概説する。

1　内部被曝線量係数

　単位摂取量すなわち1 Bqの放射性核種摂取による実効線量Svを実効線量係数と呼び，e〔Sv/Bq〕と表す。

　内部被曝線量計算にあたって，人体および各種臓器組織を模型化したうえで放射性核種が分布する線源領域Sと放射線を受ける標的組織Tとに分けて考える。内部被曝線量計算において最も重要な部分は標的組織Tの線量であり，それは次の式により計算する．

$$H_{50,T} = 1.6 \times 10^{-10} \sum [U_S \times SEE_{(T \leftarrow S)}]$$

ここで

$H_{50,T}$：1 Bq の摂取によって臓器組織 T が 50 年間で受ける等価線量（Sv）

1.6×10^{-10}：1 MeV のジュール数を含む換算係数

U_S：放射性核種 1 Bq の摂取に続く 50 年間の線源領域 S 中の壊変数，

$SEE_{(T \leftarrow S)}$：比実効エネルギーと呼ばれ，S 中の 1 壊変あたりの標的組織 T の等価線量である．

式からして線量は U_S と $SEE_{(T \leftarrow S)}$ のそれぞれの値を求めることが内部被曝線量計算の重要点であることが分かる．

2 放射性核種の体内動態

線源臓器での放射性核種の壊変の総数 U_S は放射性核種の体内動態・代謝をモデル化することによって計算する．

環境中の放射性核種の体内摂取経路は吸入か経口摂取である．吸入に関連して呼吸器代謝モデルが，また経口摂取に関連して消化管モデルが構築されており，パラメータが異なるだけで，モデル自体は多くの放射性核種に共通して適用される．

摂取の後に血流中に取り込まれた放射性核種の動態を記述するのが組織系動態モデルであり，元素別に種々のモデルがある．モデルは全身をいくつかのコンパートメントから成るものとし，それぞれのコンパートメントからの移行は指数関数で記述する．

単純なモデルの例としてセシウムの組織系動態モデルを挙げる．血流（移行コンパートメント）に入ったセシウムは半減期 0.25 日の速度で全体の 0.1 がコンパートメント A に，0.9 がコンパートメント B に移行し，コンパートメント A と B はそれぞれ 2 日と 110 日の半減期を持つが，共に全身に分布するというものである．

セシウムの体内動態モデルは生物学的半減期などのパラメータを含めて人体での実測に基づく信頼度の高いものであるが，放射性核種の中には人体での観測事例の少ないものもある．そのような場合には，モデルの構築に当たり動物実験の結果も利用している．

なお，体内動態パラメータが多くの要因によって影響を受けることは良く知られている。年齢や性別，あるいは活動中か休息中かなどの生体側の要因と，空中の放射性粒子の粒径や食品中の化学形など環境側の要因に分けられる。これら要因の U_s の値への影響が定量的に分かっていることがある一方，十分には分かっていない場合もある。

3 標準人とファントム

壊変の総数 U_s とともに最重要因子である放射性核種の比実効エネルギー SEE は，放出される放射線の種類やエネルギー，ならびに人体臓器組織の質量や形状，特に線源領域と標的臓器組織の幾何学的関係によって決定される。このため，ICRP はまず内部被曝線量計算に用いる標準人を規定している。標準人は，放射線防護に用いる人体の解剖学的・生理学的データの標準値・規格値として ICRP の判断で決定したものである。現在の標準人は男性が身長 175 cm，体重 73 kg であり，女性は 163 cm，60 kg と設定されている。他に，新生児，1 歳児，5 歳児，10 歳児，15 歳児などについてもデータが示されている。

次いで標準人の臓器組織の質量に基づき人体の幾何学的な構造を模した立体模型（ファントム）を作成する。これまで使用されてきたファントムは円筒や回転楕円体などで数式表現したものであったが，現在はボクセルと呼ばれる小直方体の集合で構築するボクセルファントムの開発が進んでいる。標準人に基づく ICRP ファントムを用いての放射性核種の SEE の計算の実務は，米国のオークリッジ国立研究所が担当している。今後はより詳細な，例えば立っているか座っているか寝ているかによって臓器の形状は異なることが考えられ，それらを反映できる多様な標準人と高精度のファントムの構築が望まれる。

4 ICRP が準備した種々の線量係数

これまでに述べた手法を用いて ICRP は種々の線量係数を計算し，報告書として刊行している。

（1）職業人のための線量係数：ICRP Publ. 68[1]

成人が職業環境において作業中に被曝することを想定し，例えば呼吸率などのパラメータは作業中に合った値が用いられている。

(2) 公衆のための線量係数：ICRP Publ. 56[2], 67[3], 69[4], 71[5], 72[6]

　公衆の構成員の日常生活上に被曝することを想定し，新生児から成人まで年齢群別に係数を設定している。呼吸率等のパラメータは多くの場合一日平均が用いられている。

(3) 胎児のための線量係数：ICRP Publ. 88[7]

　母親の放射性核種摂取に伴う胎児の線量に関する係数。妊娠前，妊娠中を含め摂取の時期など，いくつかの摂取シナリオを想定してそれぞれに対応する係数を表示している。

(4) 乳児のための線量係数：ICRP Publ. 95[8]

　母親の放射性核種摂取に伴って乳児が母親の母乳を介して受ける線量に関する係数。妊娠前，妊娠中さらには授乳中など摂取の時期に関して摂取シナリオを想定して，それぞれに対応する係数を表示している。

　なお，公衆のための線量係数および胎児のための線量係数の例を表1および2に示した。

　このように，ICRPは，関連する学術情報を広くレビューした上で体内動態モデルを構築し，単位放射能（Bq）の摂取から人体が受ける線量（Sv）を計算し，線量係数（Sv/Bq）として提示している。種々の線量係数が報告書として刊行されているので，有効な利用が望まれる。

　線量係数は現在の科学的知見に基づき計算されているが，改定の余地がないわけではない。また，日本人の特性について明らかにしておくことも重要である。その意味で，今回の福島原発事故での経験からできるかぎり多くの内部被曝線量評価に関わる情報を得るように努めることが肝要である。

COLUMN

表1　いくつかの放射性核種の年齢群別線量係数（ICRP Publ. 72 より）

核種	摂取経路	線量係数（Sv/Bq）					
		3か月	1歳	5歳	10歳	15歳	成人
Sr-90	経口	2.3×10^{-7}	7.3×10^{-8}	4.7×10^{-8}	6.0×10^{-8}	8.0×10^{-8}	2.8×10^{-8}
	吸入	1.5×10^{-7}	1.1×10^{-7}	6.5×10^{-8}	5.1×10^{-8}	5.0×10^{-8}	3.6×10^{-8}
I-131	経口	1.8×10^{-7}	1.8×10^{-7}	1.0×10^{-7}	5.2×10^{-8}	3.4×10^{-8}	2.2×10^{-8}
	吸入	7.2×10^{-8}	7.2×10^{-8}	3.7×10^{-8}	1.9×10^{-7}	1.1×10^{-8}	7.4×10^{-9}
Cs-137	経口	2.1×10^{-8}	1.2×10^{-8}	9.6×10^{-9}	1.0×10^{-8}	1.3×10^{-8}	1.3×10^{-8}
	吸入	3.6×10^{-8}	2.9×10^{-8}	1.8×10^{-8}	1.3×10^{-8}	1.1×10^{-8}	9.7×10^{-9}
Pu-239	経口	4.2×10^{-6}	4.2×10^{-7}	3.3×10^{-7}	2.7×10^{-7}	2.4×10^{-7}	2.5×10^{-7}
	吸入	4.3×10^{-5}	3.9×10^{-5}	2.7×10^{-5}	1.9×10^{-5}	1.7×10^{-5}	1.6×10^{-5}

表2　いくつかの放射性核種の胎児線量係数（Sv/Bq）(ICRP Publ. 88 より）

核種	摂取経路	母親による摂取の時期					
		妊娠前26週	妊娠0週	妊娠15週	妊娠25週	妊娠35週	全妊娠期間
Sr-90	経口	8.6×10^{-10}	2.5×10^{-9}	3.9×10^{-8}	6.3×10^{-8}	7.0×10^{-8}	4.3×10^{-8}
	吸入	1.3×10^{-9}	3.7×10^{-9}	1.0×10^{-8}	1.1×10^{-8}	9.2×10^{-8}	8.8×10^{-9}
I-131	経口	$< 1.0 \times 10^{-15}$	7.8×10^{-11}	1.2×10^{-8}	3.4×10^{-8}	6.0×10^{-8}	2.3×10^{-8}
	吸入	$< 1.0 \times 10^{-15}$	2.6×10^{-11}	4.2×10^{-9}	1.2×10^{-8}	2.1×10^{-8}	8.1×10^{-9}
Cs-137	経口	1.8×10^{-9}	7.2×10^{-9}	6.5×10^{-9}	5.5×10^{-9}	3.2×10^{-9}	5.7×10^{-9}
	吸入	6.3×10^{-10}	2.5×10^{-9}	2.3×10^{-9}	1.9×10^{-9}	1.1×10^{-9}	2.0×10^{-9}
Pu-239	経口	1.1×10^{-9}	3.4×10^{-9}	4.3×10^{-9}	8.9×10^{-9}	2.4×10^{-8}	9.5×10^{-9}
	吸入	6.7×10^{-9}	1.5×10^{-8}	1.3×10^{-8}	2.0×10^{-8}	2.4×10^{-8}	2.6×10^{-8}

原子力安全基盤科学 ❸——放射線防護と環境放射線管理

第2章

放射線の健康影響とリスク

一般の方に「放射線」というと何を連想しますかと聞くと，しばしば「怖い」「健康に悪い」といった答えが返ってくる。放射線は原子力を想起させ，福島第一原子力発電所事故以降は，原子力と放射線は，一体となって人々の不安を増長しているのかもしれない（図2-1）。

　原子力の安全基盤として，放射線の健康への影響の理解と適切な放射線管理は極めて重要である。逆説的に言えば，γ線や中性子線をはじめとする様々な電離放射線が，非電離放射線である可視光線のように人の健康にさしたる影響を与えないのであれば，原子力の安全に対する懸念の多くは解消するであろう。しばしば原子力の安全というと，炉や周辺設備の工学的な安全対策に主眼が置かれるが，原子力に関わる放射線被曝の生物影響に関する基礎的な知見を集積し，人の健康や生態系への影響を適切に防護・防止できる手段を確立し，放射線被曝を適切に管理して放射線障害のリスク低減を図ることは，原子力の安全確保という点において極めて重要である。

　本章では，原子力の安全基盤という視点を通して，放射線の健康影響とリスクについて述べていく。特に，第3，4章で取り上げる福島原発事故による環境汚染や人や生態系の被曝の実態を理解する基礎として，現時点で何が分かっているか，何が分かっていないのか，何が正確で何が不正確であるか，今後も安全に原子力を利用していく上での必要な点は何かを明らかにしていきたい。

図2-1　原子力と放射線　相互に不安と不信を増長する

2-1　放射線影響，その始点から終点まで

　はじめに，放射線によって人の健康が害され，結果として個人的・社会的な損害が生じるまでの一連の過程を概観してみよう（図2-2を参照）。それは，身体を構成する分子と放射線の相互作用である分子レベルの「変化（change）」に始まり，細胞の機能の低下や修飾，応答として認められる細胞レベルの「影響（effect）」[1]，そういった細胞の受ける変化と反応により身体の健康の悪化が生じる個体レベルの「障害（hazard）」，そしてその個人だけでなく家族や社会にとっての望ましくない事態である「損害（detriment）」が生じる過程として捉えることができる。

2-1-1　分子レベルの変化

　放射線は人の健康に，そして最終的には社会にも様々な影響を及ぼすが，その始まりは「放射線」と身体を構成している様々な分子，たとえば，タンパク質や脂質，核酸などとの物理化学的な相互作用である。放射線はこのよ

---

[1] 放射線生物学的には，細胞の機能が変化するような場合を「影響」と呼び，それによって個体の正常な生理機能や生活が悪化した状態になることを「障害」と呼ぶのが適切であるが，一般的には，「影響」という言葉は変化，影響，障害，損害も含む広い意味で使われることが多い。

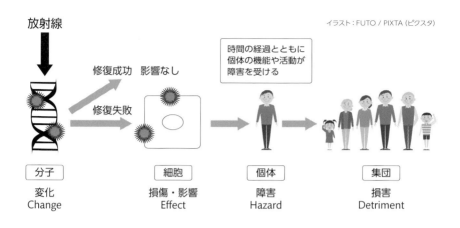

図2-2　放射線の影響のレベル：変化，影響，障害，そして損害

うな分子を電離したり励起することにより分子構造にわずかの変化を引き起こし，これが最終的に放射線影響や障害へと進展していくのである。このような放射線通過時に起こる変化は，一般にごく短時間で生じるものであり，放射線による初期作用とも呼ばれている。たとえば細胞の機能発現や再生に重要な役割を果たしているDNA（デオキシリボ核酸）は，放射線をはじめとする様々な要因で生じる活性酸素によって損傷を受ける。その数は1つの細胞で一日に数万カ所と言われているが，このようなDNAの傷は生体が持つ修復機能で常に修復されている。1 Gyの放射線被曝でも1細胞あたり1000個以上のDNA一重鎖切断が生じるが，そのほとんどは容易に修復され細胞の機能や生存に影響を与えない。つまり，初期作用において生じる変化や損傷の多くは修復され，細胞レベルで検知できるような影響へは進展しないのである。

2-1-2　細胞レベルの影響

　放射線による電離や励起作用により生体分子には多くの変化が生じ，その一部は修復が必要な損傷となるが，このような変化や損傷の多くはすみやかに修復され，その後の細胞の機能や生存に影響を与えない。しかし，被曝す

る放射線の量が多い場合や変化・損傷が偶発的に特定の部位に集中して生じた場合には，適切な修復ができず，細胞はその機能を失ったり，あるいは生存や再生ができなくなったりする。これが放射線による影響を細胞レベルで受けた状態である。ここでも放射線によるDNAの損傷を例にとって考えてみよう。1 Gyの放射線被曝により1細胞あたり1000個以上のDNA一重鎖切断が誘発されるが，たまたま一重鎖の切断が近接して生じたり，電離が局所に集中して生じたりすると，DNAの二重鎖が同じ位置で両方とも切れてしまうことがある。このような損傷はDNA二重鎖切断と呼ばれ，1 Gyの吸収線量で数十個生じると推定されているが，修復されにくく，修復されても元の状態に戻らないことが多い。そのためDNA二重鎖切断が発生すると，結果的に細胞の機能に影響が及ぶ可能性が高い。

　このような放射線の細胞レベルでの影響において重要な細胞の反応の1つは，アポトーシスである。細胞は放射線で生じた損傷を修復しようとするが，一方，損傷が大きかったり，修復に時間がかかると，細胞死のプロセス（アポトーシス）が始まる。この細胞の自殺ともいうべきアポトーシスは，細胞レベルの「死」であるが，それは構成する個体にとっては，損傷を受けた細胞を切り捨て，組織や個体としての障害を免れるための重要な反応でもある。

2-1-3　個体レベルの障害

　細胞レベルで生じた放射線の影響は，時間の経過とともに個体にとって認識できないレベルに軽減されるか，反対に個体の機能や活動に悪い影響を及ぼすようになる。これが放射線障害として認知されるものである。障害は，被曝後に比較的短時間で現れるもの（急性または早期障害）とある一定の期間を経たのちに発現するもの（晩発性障害）に区分することもできる。また，多数の細胞が影響を受けたことにより発現する障害（組織障害・組織反応）と，1つの細胞が受けた影響が細胞の増殖に伴ってある確率で障害として発現してくるもの（悪性腫瘍など）に分類することもできる。前者はある一定数以上の細胞が影響を受けると個体の正常な活動が維持できなくなり障害として発現するものであり，放射線防護・管理の分野では確定的影響または組織反応と呼ばれている。一方，後者は，放射線を受けた一つの細胞がたまたま運

悪くがん細胞のような悪性の細胞に変わってしまうような障害であり，確率的影響と呼ばれている。この点については，2-2節で詳しく説明することとする。

2-1-4　個人や社会の損害（デトリメント）

　個人に生じた放射線障害は，本人の日常生活での正常な活動の障害となるだけでなく，その生活の質を落とし，ひいては致死的な障害へと進展して，家族や社会にも影響を与える。このような影響は「損害」と呼ぶべきものである。身体機能の低下や喪失は，その個人の活動を阻害するだけでなく，家族や社会の活動を阻害し，さらにそのような障害の治療や看護に伴う社会資本の消費をもたらすことになろう。原子力や放射線の利用は，個人が受ける障害の種類や大きさだけでなく，このような社会的な損害も指標として評価されるべきである。

　放射線防護の分野では，社会的な損害についての数値指標として，放射線被曝によるがんなどの腫瘍や，遺伝的疾患による死亡の増加が使われている。死因と死亡率は，比較的，精度の高い統計データが得やすく，「死」は万人にとって現世での活動を停止させる重要な「損害」であるからであろう。一方，福島原発事故とその後の状況を見ていると，このような「がんによる死」が適切な損害の指標であるかという点について疑問を抱かざるを得ない。実際，福島原発の事故によって急性の放射線障害で亡くなられた方はいなかった。また，現在の放射線生物学・医学の一般的な知見から推定すると，（もちろん予断は禁物であり，慎重な対応が必要であるが）おそらく長期間を経て現れるがんや遺伝病などの死亡率について疫学調査を行っても，統計的に有意に増加する事は考えにくい。しかし，それでは事故による社会的な損害は本当になかったのだろうか？　否，極めて大きな社会的損害を被ったのである。このことは，損害の指標が適切でないことを明確に示している。この点については，さらに第5章で詳しく考察していきたい。

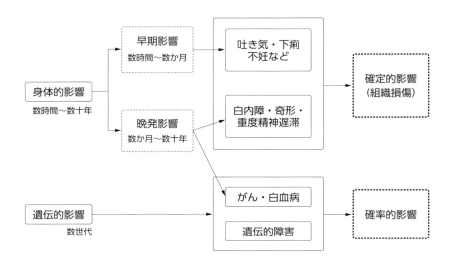

図2-3 放射線のヒト健康への影響の種類と分類

2-2 放射線の健康影響の種類と分類

　上述したように，放射線が人の健康に及ぼす影響（放射線障害）には様々なものがある。それらは，ある種の基準に基づき分類して整理すると理解しやすい。一般的に行われている分類法に基づき，放射線の健康影響（障害）を分類すると図2-3のようになる。それぞれについて説明するとともに，福島原発の事故を中心に，原子力の利用（平常時と事故時）において着目すべき影響はどのようなものか，詳しく見ていくことにする。

2-2-1　身体的影響と遺伝的影響

　放射線に限らず有害物質が人の健康に及ぼす影響を考える時，それらを摂取した人自身が影響を受ける場合と，次世代以降に健康影響が発現する場合がある。前者を放射線防護の分野では身体的影響と呼び，後者を遺伝的影響と呼んでいる。生物学的に言えば，身体的影響は「体細胞」と呼ばれる私た

ちの体を作っている細胞に対する影響であり，遺伝的影響は卵子や精子，あるいはその元になる細胞のDNAが損傷を受け，それによって次世代に放射線障害が現れるような影響である。

　少し混乱するのが，生殖細胞そのものへの影響をどちらに分類するかという点である。つまりある人が放射線被曝を受け，精子や卵子といった生殖細胞が障害を受け，不妊になった場合である。これは次世代に伝わる障害ではなく，不妊という障害を受けるのは被曝した世代であるから，身体的影響に分類されている。また，受精卵が放射線を受けることで流産したり，あるいは，胎児が被曝して奇形が生じたりした場合も，妊娠している母親からいえば次世代の影響であるから遺伝的影響のようにも思えるが，これも身体的影響とされている。つまり，受精した時点で，受精卵は一人の個人であり，放射線による流産（受精卵の死）は，受精卵という個人の身体的影響であると定義するのだ。福島原発事故後に，電話などで相談を受けた際，遺伝的影響が心配ですというお話があり，よく聞いてみると胎児の発生・発育に関するご心配であったということが何度かあった。妊娠している母親にとって胎児は間違いなく次世代であるけれど，胎児への影響は遺伝的影響には分類されていないのである。

　遺伝的な影響に対する懸念は1970年代までは大きかった。また，実際に遺伝的な影響の程度を調べるために大規模な動物実験が行われ，実験動物の親世代の放射線被曝によってその仔に突然変異が誘発されることが証明されてきた。しかしながら，広島・長崎の被爆者を対象とした調査では，現在のところ有意な遺伝的影響は認められていない。このため，国際放射線防護委員会（ICRP: International Commission on Radiological Protection）は，1990年の勧告[1]の中で，遺伝的なリスクはそれまでに想定されていたよりも低いとして，1章3節で述べた等価線量から実効線量を算定する際に用いる組織荷重係数において遺伝的影響に対応する生殖器のリスク係数を0.25から0.08へと低い値に変更している。

2-2-2　早期影響と晩発影響

　放射線の被曝を受けたのち，数時間から数か月までの比較的短期間に生じ

る影響（障害）は早期影響と分類される。急性影響ともいわれるが，急性に対する反対語としてしばしば「慢性」が想起されるので，私はできるだけ次に述べる「晩発」に相対する早期影響，あるいは早発影響という用語を用いるようにしている[*2]。このような早期影響は，放射線被曝後，身体を作っている細胞が影響を受け，比較的早期に組織・臓器レベルの影響，すなわち放射線障害へと進展していく。受ける放射線の量や，影響を受けた細胞の種類や場所によって，障害の種類や発現する時期が異なってくる。

　比較的高い線量の放射線被曝を受けると個体の死が誘発される。その死に至る生物的なプロセスは線量に依存しており，線量が高い順に中枢神経死，腸死，骨髄死と変化することは，多くの放射線生物学の教科書に記載されている。マウスなどの実験動物の全身照射において，このような現象が顕著に観察できる。数十Gyの全身照射を受けると，数時間から数日で死亡するが，その原因は血管系の細胞を含む全身の様々な細胞が放射線の影響を受けて機能を喪失し，個体は死に向かうのである。中枢神経死と従来呼ばれてきた線量域である。これより低い線量で数日間生存した場合は腸管障害によって死亡する。腸管の内壁の最外層は上皮細胞と呼ばれる細胞層で守られているが，この上皮細胞を作る上皮幹細胞と呼ばれる幹細胞が障害を受け，もはや上皮細胞を再生することができなくなり，腸管が機能を失っていくのである。したがって下痢や消化管内出血などの症状を呈し，腸死と呼ばれている。これより被曝線量が少なく，腸管障害による腸死を免れた場合は，骨髄の障害に直面することになる。被曝時に血液を構成していた赤血球や白血球は，その寿命が数週間から1か月程度であるので，放射線により骨髄で血液細胞を作る幹細胞が障害を受けると，結果的に血球が再生できなくなって個体は死に至るのである。造血器障害により重度の貧血になるとともに，白血球数も激減し感染に対する抵抗力が急激に低下して，いわゆる骨髄死が誘発される。このような腸死や骨髄死を免れるような低い線量，マウスでは概ね2~3 Gy以下では，個体の死に直接結びつくことはまれであるが，皮膚に現れる炎症

[*2] 早期影響の中でも，高線量被曝において，被曝後，ごく短期間で現れる急性放射線症（Acute Radiation Syndrome）などは「急性」という言葉を使うのが適当かもしれない。

や脱毛，精子や卵子，あるいはその元になる細胞が障害を受けて生じる不妊などがみられる。血液中のリンパ球の数の低下は，比較的低い線量で見られる放射線障害（障害というよりも，過渡的な影響といった方がいいかもしれないが）であり，人の場合 200 mSv 程度の全身被曝から観察されるといわれている。

　早期影響と対照的に，被曝後，数か月から数十年の間，特に症状がないが，その後に発現するような影響を晩発（性）影響（障害），あるいは遅発影響と呼んでいる。「晩発」は「慢性」と異なっていることに注意する必要がある。「慢性」というのは，ある症状が長期間継続している状態を指すのに対し，「晩発」は，潜伏期と呼ばれる症状のない期間を経て，発症するような状態を示している。代表的な障害は，がんや白血病である。放射線被曝を受けても，すぐには，がんは発症しない。被曝後比較的短期間で発症する白血病でも数年以上の潜伏期を経てから発症するのであり，潜伏期の間は何ら症状がない（つまり，慢性ではない）。白内障は，放射線照射後，数年から数十年の潜伏期をもって発症するとされており，晩発障害に分類される。また，胎児期に被曝し，小児になってから障害として認知されるようになる重度の精神発達遅滞も晩発障害である。胎児のある時期（人では胎齢〜15週ぐらい）に被曝すると，脳の発生が阻害され，生育の過程で重度の精神発達遅延が生じる。これも被曝後ただちに症状がみられるのではなく，出生後の発育の過程で（つまり，被曝後から遅延して，晩発性に）障害が顕在化してくるので，晩発障害に分類されている（36頁コラム②参照）。

　肺や脳などに発生したがんを治療するために放射線照射を受けた場合も，このような晩発障害が問題となる。治療の際にはがんの病巣に放射線を集中して照射するが，どうしても近くの正常な組織も放射線を受けることになる。脳や肺の組織が放射線を受けた場合，直ちに障害が発生することもあるが，線量が少ないと，一定期間を経てから組織の機能が障害されてくる。このような障害は，放射線治療後の放射線脳炎あるいは放射線肺炎と呼ばれ，がんの放射線治療において，晩発性に発症する重大な有害事象（副作用）である。

COLUMN
コラム 2
胎内被曝による重度精神発達遅滞の発症
広島・長崎のデータが語るもの

京都大学原子炉実験所
髙橋千太郎

　放射線の人の健康への影響に関しては，胎児の奇形や重度精神発達遅滞を心配される方が多い。親心というものであろう。放射線による重度精神発達遅滞の誘発が確定的影響であることは，胎児の時に原爆にあわれた被爆者の方の調査結果が明確に示している。

　図1をご覧いただきたい。原爆障害に関する調査や研究を行っている放射線影響研究所がHPで発表しているデータを分かりやすく書き直したもので，横軸に胎児期の被曝線量を，縦軸に重度精神遅滞の発生率を示している。胎令8週までは，線量が大きくなってもほとんど重度精神遅滞の発症率は上がらない。これが胎令8から16週のグループになると，0.2 Gyぐらいまでの被曝線量では発症率は上がらないが，これを超えると急激に発症率が大きくなる。明確に，しきい値があることが見て取れる。胎児期の被曝による重度精神発達遅滞がしきい値のある確定的影響であり，0.2 Gy程度までであれば，放射線の影響はないことを如実に示している，不幸なことながらも貴重なデータである。

　私は，このグラフを示して確定的影響について講義で説明するときに，学生の皆さんに，もう一つ重要なことを学んでほしい，考えてほしいとお願いしている。それは，いかに平和が大切か，戦争が悲惨な結果を招くかということである。このグラフのもとになっている妊娠女性は，妊娠2か月や3か月で原爆にあわれたのである。妊娠女性にとって，そしてご家族にとって，新たに赤ちゃんができてくる期待と喜びにあふれているべき時に原爆にあわれた，その悲しみの大きさは言葉では表せないであろう。周りの同じ年頃の子供たちは，片言を話しはじめ，色々なことができるようになってくるのに，被曝されたお子さんは，発達が遅れていく。その時の親御さんやご家族の心情を思うと，涙が出てきてしまう。このデータは確定的影響の特徴を示す貴重な知見であるとともに，平和の大切さを私

COLUMN

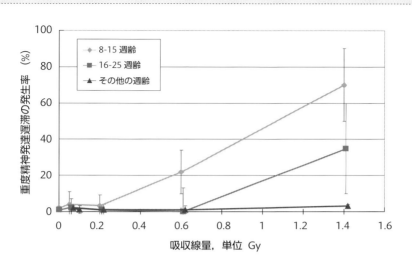

図1 広島・長崎の原爆胎児被爆者における重度精神発達遅滞の発生頻度。
0.2 Gy（200 mGy）付近にしきい値をもつ確定的影響と言える。
（放射線影響研究所データ；胎内被爆者の身体的・精神的発育と成長 http://www.rerf.jp より作成）

たちに強く訴えているデータなのである。

　ところで，胎児期の放射線被曝による精神発達遅滞はどのようなメカニズムで発症するのであろうか？　筆者の研究室では長年，このメカニズムについて研究を行ってきた。放射線の被曝によって，胎児の神経細胞，あるいは神経細胞を作る元になる細胞（幹細胞）が影響を受け，成人してから神経細胞が少なくなるのではないか，と考えるのが一般的である。しかし，かならずしもそうではなく，もう少し複雑なメカニズムが存在していることがわかっている。脳の高度な機能，すなわち考えたり，感じたり，行動したりといういわゆる高次機能は，大脳の皮質と呼ばれる部分によって行われている。成人の大脳皮質では神経細胞が3次元的に整列した網目状に分布し，相互に統合して機能することで，このような高次の脳機能を司っている。それゆえ，このような神経細胞の配列は，神経細胞ネットワークと呼ばれている。

　胎児の脳では，初めに脳の奥深いところ（脳室側）で神経細胞の数が増え始め，この神経細胞が胎児の成長とともに脳の表層（皮質）に移動して，ネットワーク上

COLUMN

に配列されていく。一方，胎児期に原爆にあわれて精神発達遅滞の障害を持たれた方の脳を核磁気共鳴画像法（MRI）で観察すると，大脳皮質の発達が悪く，脳の深部に大脳皮質の断片のようなもの（異所性灰白質）がみられることが知られている。共同研究者である放射線医学総合研究所の孫学智博士は，実験動物のマウスに放射線を照射すると，線量や時期を適切に選べば，人と同じような大脳皮質の異常形成が誘発されることを見出し，これをモデル動物として利用することを可能にした。その後，我々はこのモデル動物を使って大脳皮質の異常形成が起こるメカニズムを研究した。その結果，非常に興味深いことに放射線は大脳皮質を形成する神経細胞それ自体に直接的に影響するのではなく，大脳皮質が形成されていく発達過程において，神経細胞の分布をガイドしているミクログリア細胞の形状を変化させ，結果的に神経細胞が正常なネットワークを形成していくことを阻害していることを見出した[1]。この知見は，放射線による重度精神発達遅滞の発症メカニズムを明らかにしただけでなく，大脳皮質の発生に関する新たな発見としても重要であり，広く引用されている。

2-2-3　確定的影響と確率的影響

　放射線による健康影響を理解し，その防護・管理を行う上で重要な概念に，確定的影響と確率的影響がある。図 2-4 で説明してみよう。

　確定的影響は放射線照射によって複数の細胞が損傷を受け，組織や臓器のレベルにまで影響が進展し，障害として生活に支障をきたすような状態となる影響である。組織反応と呼ぶこともある。前節で述べた早期影響はすべてこの確定的影響のカテゴリーに入る。図では，上の A 図が確定的影響を模式的にあらわしたものである。確定的影響の特徴は，ある線量までは影響が発現しないが，ある線量を超えると急激に影響がみられるようになるという，いわゆるしきい値を持っていることである。一方，症状のひどさ（重篤度）は線量と比例して大きくなる。これに対して，図 2-4 の下 B 図に示したように，確率的影響とは，がんのような，放射線によってそのような影響（障害）が発症する確率が増加する影響である。がんは，放射線にあたると必ず発症するのではなく，ある確率で発症し，放射線の線量が増えると発症する確率が増大する。線量が増えるとがんの発症確率はそれに比例して大きくなる。しかし，障害の重篤度は，線量とは無関係であり，一旦発症すると線量の大小にかかわらず，発症したがんの種類に応じた重篤度になる。

　私は講義や講演で，確率的影響と確定的影響について説明する時，紫外線による発赤と皮膚がんを例に挙げて説明することが多い。紫外線は，非電離放射線であるが，X 線よりも少しエネルギーが低い電磁波で，X 線や γ 線などの電離放射線と同じように細胞の DNA を損傷する作用がある。ただし，X 線や γ 線に比べて透過性が小さいので体の表層までしか届かないから，影響を受ける組織は皮膚にのみ限定される。

　まず「発赤」は，紫外線を受けると皮膚が赤くなる障害で，これは多くの人が経験したことがあろう。ひどければ，やけど様の症状になることもある。紫外線による皮膚炎である。一方，紫外線を浴びる量が少ないと，実際には紫外線を受けているのであるが，皮膚炎という障害（症状）としては認知できない。しかし，あるレベルを超すと皮膚炎の症状が出始めるのである。夏のプールでいえば，多くの人は 10 分ぐらいでは皮膚障害を感じないが，皮膚が弱い人は 30 分もすると，強い人でも 1 時間ぐらいから赤くなり始める。

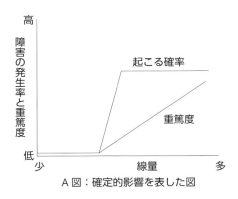

A図：確定的影響を表した図

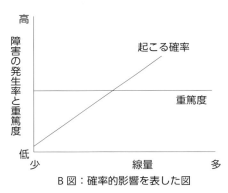

B図：確率的影響を表した図

図2-4　確定的影響と確率的影響

1時間以上経てば，ほぼ全員の皮膚が赤くなる。さらに2時間，3時間と経つにつれて，症状がひどくなっていく。つまり，紫外線による皮膚障害は，発症する「しきい値」があり[*3]，浴びる量（被曝線量）とともに重篤度が増えてくるという，典型的な「確定的影響」である。この影響は，その発症機序に視点をあてて「組織損傷」とも呼ばれている。

　これに対して「紫外線で皮膚がんになる」という障害はどうなのか。こち

[*3]　ICRPはある集団の1%に障害がみられるようになる線量をしきい値線量としている。

らは今のところ「しきい値なし」とされている。個人や人種などの遺伝的背景や年齢や栄養状態などの生理的な状況でも変化するが，紫外線に当たれば当たるほど皮膚がんになる確率は上昇する。同じような人種で，同じような遺伝的な背景を持った人の集団では，紫外線をたくさん浴びた人と，なるべく浴びないように注意した人では，注意した人の方が皮膚がんになる確率が低い。線量の増加によって障害が発生する確率は増大するが，あるレベルより低ければ起こらないという「しきい値」はなく，一方で被曝線量が大きいと必ず起こるというものでもない，このような影響を「確率的影響」と呼んでいるのである。重要なのは，紫外線を10分浴びてなっても10時間浴びてなっても，皮膚がんは皮膚がんであって，重篤度に変わりはないということである。これがしきい値なしの確率的影響の特徴である。

2-3 放射線の危険度

前節では，放射線が人の健康に及ぼす影響を概観してきた。それでは，具体的にどの程度の線量で，どのような影響（障害）が見られるのであろうか，確定的影響と確率的影響に分けて，具体的に見ていくことにする。

2-3-1 確定的影響による放射線障害の発生

表 2-1 に，主な放射線誘発の確定的影響の種類と人において観察されているしきい値についてまとめた。放射線生物学の基本的な法則として，(1) 細胞分裂頻度が高いほど，(2) 将来行う細胞分裂の数が多いほど，(3) 形態および機能が未分化なほど，放射線感受性が高いというベルゴニー・トリボンドーの法則があるが，この表を眺めると，まさにこの法則がよく表れていることが分かる。容易に想像がつくように，胚・胎児の細胞は盛んに分裂していて，細胞死による胚の死亡や器官形成期の奇形発生，全般的な発育遅延，中枢神経の形成異常（重度精神発達遅滞など，36 頁コラム②参照）は比較的低い線量で起こる。ただし「比較的低い線量」というのは他の確定的影響に比べて低いという意味であり，例えば，胸の X 線単純撮影（0.05 mSv 程度）や全身 X 線 CT（5 mSv 程度）といった放射線診断による被曝線量に比べれば，

表2-1 主な放射線の確定的影響としきい線量

主な確定的影響のしきい線量を以下に示す。ICRP2007年勧告では，当価線量が100 mSvの線量域まででは組織の反応（認識し得る障害）は認められないとされている。

確定的影響のしきい値（ICRP1977年勧告。一部1990年勧告値を取入れた）		
組織（部位）	影響	しきい線量 (mSv)[※1]
骨髄・血液	リンパ球の減少	250
	血小板の減少	~1,000
	造血機能低下	500
腸	下痢，出血	5000
皮膚	脱毛，軽度の紅斑	3,000
	水泡から湿性皮膚炎，潰瘍	12,000~15,000
水晶体	検知可能の白濁	500~2,000
	視力障害（白内障）	5,000
生殖	一時的不妊（男性）	150
	一時的不妊（女性）	650
	永久不妊（男性）	3,500~6,000
	不妊（女性）	2,500~6,000
胎児	胚死亡（受精~9日）	100
	奇形（受精後2~8週）	100[※2]
	発育遅延（受精後8週以降）	100
	精神発達遅延（受精後8~15週）	120
全身	60日以内に半数が死亡（LD50/60）	4,000~5,000

※1　1回の照射によって曝露された当価線量。短時間に被曝する急性被ばくの場合。
※2　ICRP2007年勧告では，吸収線量100 mGy以下の子宮内被曝では奇形発生のリスクは明らかではないとされている。

ずっと高い値である。通常の医学診断による放射線被曝では，このような胚・胎児への影響は発生しないことに留意すべきである。

　骨髄の造血器系の細胞や腸管上皮の細胞も盛んに分裂・再生をしており，放射線感受性が高い。前節で述べたように個体の全身照射で骨髄死や腸死が誘発されるのは，このためである。生殖細胞の増殖阻害に伴う生殖細胞数の

減少とその結果としての不妊も比較的低い線量で見られる。特に，精子をつくる幹細胞である精原細胞や精母細胞は放射線感受性が高く，放射線に被曝すると分裂が停止し，精子が産生されなくなる。このため，被曝後ある一定時間を経ると精子数が減少して不妊となる。なお，精子自体は比較的放射線抵抗性であるので，被曝直後には不妊とならず，一定期間を経てから不妊となる。

眼の水晶体を形成する細胞の障害によって生じる放射線白内障や，胎児期の被曝により神経細胞ネットワークの形成が阻害されて生じる重度精神発達遅滞などは，確定的影響の中でも，晩発性の障害である。白内障は水晶体の一部ににごりが生じるものであり，水晶体の後側表面を覆う障害を受けた細胞に発生する。放射線被曝後，高線量であれば早くて1～2年，それより低線量であれば何年も経ってから症状が現れる。胎児の重度精神発達遅滞は広島・長崎で胎児期に被曝した被爆者にみられる障害の一つであり，人では妊娠8～15週齢に放射線被曝を受けると，脳の発達が障害を受け，生後数年を経て精神発達が大きく遅滞し，障害が顕在化してくるものである。

2-3-2 確率的影響による障害とそのリスク

確率的影響の代表的なものは，悪性新生物（がん，白血病，悪性肉腫など）である。いろいろな集団を対象に多くの疫学的な研究が行われ，また，その疫学的な研究を補てんし，その機序を明らかにするために動物実験が行われている。疫学データとして，いちばん規模が大きく，様々な点で信頼のおけるものは，放射線影響研究所が実施している広島・長崎の被爆者に関する疫学調査である。被爆した方の健康状況を長期にわたって調査し，放射線の影響についての貴重な情報を多く提供してきている。ここでは，その疫学調査の代表例として白血病などの血液のがんを除く，いわゆる固形がんによる死亡のリスクに関する調査結果を見ていこう。

図2-5のグラフは，30歳で被曝した方とその対照集団において，70歳までの死亡原因から，固形がんによる死亡の危険度（リスク）を調べたものである。横軸は「重み付けした結腸線量」であり，被曝したときの姿勢がさまざまであることを勘案して，全身の平均的な被曝線量に近いと考えられる結

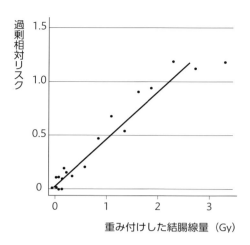

図2-5 広島・長崎における発ガン率の過剰相対リスク
出典：放射線影響研究所の資料より作成

腸での線量が用いられている。したがって、概ね横軸の線量は、全身被曝しているような状態では実効線量（Sv）に近い。縦軸は、「過剰相対リスク」である。すなわち、ある集団において原爆による被曝を受けていない場合の、固形がんによる致死率（リスク）を1とすると、縦軸の数字は、被曝により追加されるリスクである。具体的に例を挙げて説明すれば、1 Gyの被曝に対応する縦軸の過剰相対リスクは0.5であり、このことは、1945年に30歳だった集団が広島・長崎で1 Svの被曝をしたとき、70歳になるまでにがんで死亡するリスクが、被曝しなかった集団と比べて0.5だけ過剰になることを意味している。つまり、もともとの1を加えてがんによる死亡率が1.5倍になるということである。この過剰相対リスクを被曝しなかった集団のがん死亡率に掛け合わせて絶対リスクを求めることができる。具体的には、1945年に30歳で広島・長崎で被曝しなかった集団は、70歳までに20%がガンで亡くなっている。これに対して、1 Svの被曝をした30歳の被爆者集団は、過剰相対リスクが1.5倍になるのだから、70歳までに30%がガンで亡くなることになる。したがって、絶対リスクは30 − 20 = 10%と計算される。

このように，被爆された方の測り知れないご苦労と関係者の尽力により，放射線被曝に伴いどの程度がんによる死亡率が高まるかが明らかになってきているが，当然いくつかの疑問がでてくるであろう。たとえば，①被曝時の年齢は関係するのか，②がんの種類によって違うのではないのか，③男女で違いはないのか，④原爆のように一瞬で被曝するのと，環境放射線のようにゆっくり被曝するのでは違うのではないか，といった疑問である。①の被曝時年齢についていえば，明らかに若令での被曝ほど，生涯の発がんリスクが高いことが広島・長崎のデータをはじめとする多くの疫学データや動物実験で認められている。先ほどの放射線影響研究所の調査データによれば，10歳で被曝し20年を経過した時点での過剰相対リスクは3程度，これに対し30歳で被曝し20年を経過した時点での過剰相対リスクは1程度である。②のがんの種類（発生部位）による違いに関しては，胃，肺，肝臓，結腸，膀胱，乳房，卵巣，甲状腺，皮膚などの主要な固形がんの場合には，有意な過剰リスクが認められている。また，統計学的に常に有意であるわけではないが，他の多くの部位におけるがんにもリスクの増加が認められる。現在のところ，種類（発生部位）でリスクに差があるどうかははっきりしないようである。③の男女間の違いについては，固形がんの過剰相対リスクは有意に女性で高いことが分かっている。これは，自然発生率が男性で高いので，過剰相対リスクで比べると女性の方が高くなりやすいのである。生涯のがんによる致死リスクで比べても，女性の方が高いことが分かっている。これらの点については，放射線影響研究所のホームページに分かりやすく，詳しく解説されているので，興味のある方は参照されると良い。

④の疑問点，すなわち原爆のように一瞬で被曝するのと環境放射線のようにゆっくり被曝するのではリスクは違うのではないか，という問題は，専門的には線量率効果と呼ばれている。このような線量率の違いが発がん率に及ぼす影響を明らかにできるような人の疫学データは十分でない。しかし実験動物を用いた発がん実験の結果から，急性被曝は慢性に被曝した時に比べ概ね1〜10倍程度リスクが高いことが認められている。放射線防護の目的で，ICRPは急性被曝と慢性被曝の発がん効果の比を2と定めている。つまり広島・長崎の原爆による急性の放射線被曝による発がんのリスクに対して，職業的

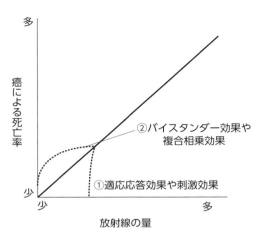

図2-6 固型がんのグラフ

な被曝や環境放射線による被曝など慢性的に生じた被曝による発がんのリスクは半分と見積もられている。

2-3-3 放射線による発がんのリスクと直線しきい値なし（LNT）仮説

　低線量の放射線が人の健康に及ぼす影響を考える時には，LNT（Linear non-threshold）仮説と呼ばれる考え方を理解しておくことが重要である。図2-6に模式的にLNT仮説と，それを支持しない現象・知見を示した。LNT仮説とは，広島・長崎の被爆者に見られたような線量に比例してがんのリスクが増大するという関係（図2-6）が，低線量側まで続くとする仮説である。別の言い方をすれば，1 Svあたりの相対過剰発がん致死リスクが0.5であるから，0.1 Svでは致死リスクが0.05，0.01 Svつまり10 mSvでは0.005の過剰相対リスクが生じると考えるということである。広島・長崎のデータでは，200 mSvぐらいまでは統計的にこのような関係が成り立つが，それより低い線量ではこのような直線関係が成り立っているのか否か，統計的に明らかではない。しかし，放射線防護の観点から，ICRPはこのような直線関係を仮定することを勧告している。この仮説に対する批判としては，生体には修復

機能が備わっているため，ある一定レベル以下の低い放射線被曝ではこのような修復機能が優位となる場合があり，結果的に確定的影響で見られたようなしきい値が存在するのではないかというものがある。また，放射線の継続的な照射により生体が放射線に対して耐性を獲得する適応応答と呼ばれる現象が知られており，そのようなメカニズムで低線量側では，LNT 仮説で推定される発がんリスクより，実際のリスクが小さいという意見もある。一方，低線量側では，直線で仮定されるより発がん率が高くなる可能性を示唆する現象もある。例えば，放射線生物学の実験でみられるバイスタンダー効果である。これは，低線量になると放射線が当たる細胞と当たらない細胞がでてくるが，放射線が当たって影響を受けた細胞から信号が出され，放射線の当たっていない隣の細胞も異常を起こすという現象である。このような効果を考慮すると，低線量領域では，直線関係で推定するよりリスクが高くなる可能性がある。

　既に述べたように，現時点では，がんによる死亡が有意に増加すると分かっている 200 mSv 程度より低い線量での線量と発がん率の関係は十分に分かっていない。そのため放射線防護の立場からリスクを推定するために LNT 仮説が導入されたのである。したがって，LNT 仮説は，どの程度の被曝に対してどういった防護措置を取るのが合理的かといった放射線管理の目的のために用いられるべきであり，例えばある集団を対象として，微量の被曝線量を根拠に，この集団のうち何人ががんで死ぬといったような計算をして，一般の方の不安をあおるような使い方をすべきではない。

2-4　内部被曝の線量評価とそのリスク

　放射性物質を体内に取り込むことによって生じる内部被曝は，外部被曝と比べ種々の特徴があり，そのために線量の正確な評価が難しい。その特徴を列挙すれば，①外部被曝では飛程の関係で問題にならない α 線や β 線を放出する核種が問題となること，②放射性核種の臓器・組織での分布が局在するため不均一な線量分布となること，③体内に取り込んだ放射性核種だけでなく，それが壊変して生じる子孫核種の影響を考慮する必要があること，など

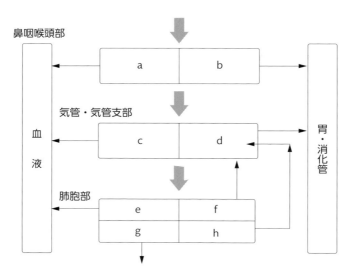

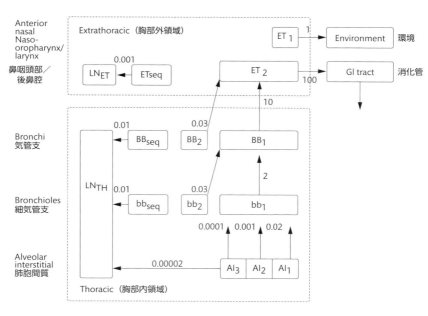

図2-7 ICRPの提示している呼吸器代謝モデル（いわゆる肺モデル）。上の図がPubl.30で使われているものであり，下の図がPubl.66で提示されているモデルである。

である。本節では，内部被曝において実効線量がどのようにして推定されるか（線量評価），その方法について述べるとともに，その問題点について考察する。さらに，いくつかの原子力利用において重要と思われる放射性核種については，その体内分布の特徴と生じる放射線障害のリスクについて紹介する。

2-4-1　線量評価の方法

　ある放射性核種を体内に取り込むことで生じる実効線量を求めるには，その放射性核種の体内での動きを知ることが必要である。この目的のために国際放射線防護委員会（ICRP）は，吸入摂取した場合の呼吸器代謝モデルと，経口摂取した場合の消化管モデルを勧告している。図 2-7 に 1979 年に発表された呼吸器代謝モデル（出版物の連続番号をつけて Publication 30，あるいは略して Publ.30[2][3][4] のモデルと呼ばれる），および 1994 年の Publ.66[5] の呼吸器代謝モデルを一例として取り上げた。このモデルは人の呼吸器を 3 つのコンパートメントと呼ばれる部位に分けてそれぞれにおける放射性物質の沈着とその後の挙動を表したものである。Publ.30 では，呼吸器は，鼻咽喉頭部，気管・気管支部，肺胞部のコンパートメントに分けられていて，この呼吸器から血液と消化管への放射性物質の移行がモデル化されている。放射性物質を吸入すると，はじめにこれら 3 つのコンパートメントに沈着し，そして各コンパートメントから移動を開始して，最終的に血液や消化管を介して体外に排泄されることになる。全身の各臓器・組織での滞留時間や与えるエネルギーから吸収線量を計算し，組織荷重係数を乗じて，実効線量を計算するのである。新しい Publ.66（図の下側）では，さらに精緻な，しかし複雑なモデルとなっている。このようなモデルを使って一回一回線量の計算をするのは非常な労力を必要とし，現実的でない。そこで，ICRP は 1 Bq の放射性核種を摂取（吸入と経口摂取）した場合の実効線量をあらかじめ計算し，Dose Coefficient（線量係数）として提供している。この係数は実効線量換算係数とも呼ばれ，成人だけでなく，子供についても与えられていて，年齢による代謝の違いや，組織・臓器の大きさの違いなども考慮して実効線量が推定できるようになっている。なお，線量計算の詳細については 20 頁コラ

ム①「内部被曝線量計算に用いる線量係数：Bq から Sv へ」を参照されたい。

2-4-2 内部被曝の線量寄与に関係する要因

前節で述べたように，実効線量換算係数は核種ごとに異なり，また，化学形によっても異なっている．同じ 1 Bq という放射能量を取り込んでも，受ける内部被曝線量が異なるのはなぜだろうか？　これには様々な要因が関与しているが，その要因を理解しておくことは，内部被曝の防護や管理にとって重要である．

①放射性核種から放出される放射線の種類や強さ：放射線の種類や強さ（エネルギー）によって透過性が異なることはよく知られている．第 1 章でも述べたように，α 線は身体の組織では数 10 μm しか透過しない．β 線では，数 mm である．これに対して γ 線は容易に人体を通過する．したがって，同じ 1 Bq の放射性核種を体内に取り込んでも，放出される放射線の種類によって，放射線を受ける範囲が異なるのである．また，1 章 4 節で述べたように，放射線の種類によってその生物効果は異なっており，例えば，β 線や γ 線の生物効果に比べ，同じ吸収線量であっても，α 線の生物効果は 20 倍程度高いとされている（放射線荷重係数が 20 である）．

②放射性核種の摂取経路と吸収率の違い：放射性核種の摂取経路は，経皮吸収，経口摂取，吸入摂取である．経皮吸収，すなわち皮膚に付着することで体内に取り込まれる吸収は，事故による創傷・熱傷部からの吸収や特殊な薬剤の形での吸収などの特異的な場合に限られ，一般に健常な皮膚からの吸収は少ない．経口摂取は，内部被曝における重要な摂取経路であり，食品や飲料水からの摂取は一般公衆の被曝においては主たる経路である．経口摂取後の消化管吸収率は，内部被曝算定において重要なパラメータである．消化管吸収率は核種毎に異なっており，また同じ核種であっても化学形によって大きく異なることがある．もうひとつの重要な摂取経路は吸入摂取であり，消化管吸収率の低いプルトニウムなどの超ウラン元素では，これが主要な摂取経路となる．この吸入摂取においては，放射性物質はガス状またはエアロゾルと呼ばれる微粒子の状態で呼吸気道に吸入される．

粒子径が大きいと気道の上部，つまり，鼻や咽喉頭部分への沈着が増え，粒子径が小さくなるにつれて，気管支や肺深部への沈着が増えることが知られている。吸入後は，溶解して血液やリンパ管へ吸収されたり，粒子の形で粘液とともに消化管へ移行したりする。このような吸入後の挙動や吸収は，吸入された粒子の化学的な性質（例えば溶解性）に大きく依存している。

③体内での挙動，沈着と排泄：内部被曝に伴う被曝線量を決める大きな要因は，体内でどのような動きをし，どの臓器にどれくらいの期間留まり，そしてどのくらいの期間で排泄されるかである。摂取された放射性核種は，その化学的な特徴に従って分布する。福島原発事故で問題となった放射性セシウム（^{134,137}Cs）は，同族元素のカリウム（K）と類似の挙動を示し，ほぼ全身に均等に分布するが，時間が経つにつれて筋肉部分に集まってくる。これに対して，カルシウム（Ca）と似た性質を示す放射性ストロンチウム（^{89,90}Sr）やラジウム（^{226}Ra）は骨に多く沈着し，放射性ヨウ素（^{131}I）は甲状腺に集積することが知られている。原子力産業で使われるウランは骨と腎臓へ，超ウラン元素のプルトニウム（Pu）やアメリシウム（Am）は骨と肝臓へ多く沈着する。体内の放射性核種は，最終的には腎臓を通して尿中に，あるいは，消化管から糞中に排泄される。体内に取り込んだ放射性核種の量が半分になる時間（日数）を生物学的半減期と呼んでいるが，トリチウム（^{3}H）の10日（トリチウム水で10日，有機化合物の化学形では50％は10日，残り50％が40日）のように短いものから，プルトニウムのように肝臓中40年，骨格中100年といった長いものまで，核種の化学的・生物学的な特性に従って非常に幅がある。福島原発事故で問題となった放射性ヨウ素（^{131}I）の生物学的半減期は成人の甲状腺で120日，その他の器官で12日，放射性セシウム（^{134,137}Cs）は，早い成分は2日遅い成分では110日程度とされている（ICRP Publ.30）。

2-4-3　原子力利用に関係の深い放射性核種の線量係数

　これまで述べてきたように実効線量換算係数（線量係数）とは1 Bqを経口あるいは吸入により摂取した人の預託実効線量を算出するための係数で単位

はSv/Bqである。そして、同じ1Bqを摂取しても受ける被曝線量は核種ごとに異なり、その化学形によっても違ってくることがある。表2-2に原子力利用に関係が深いと思われる放射性核種を中心に、線量係数をまとめて示した。

トリチウム（^{3}H）はいずれの放射性核種よりも、小さい線量係数となっている。つまり、同じ放射能量（Bq）を摂取しても、内部被曝線量としては大きくない。これは、^{3}Hが出すβ線のエネルギーが小さいこと、体の中に比較的均一に分布し特異的に高い線量を受ける組織や臓器がないこと、さらにすみやかに体外に排泄されることによる。しかし、^{3}Hは原子炉燃料棒中のウランの三体核分裂により生成し使用済みの核燃料中に蓄積され、燃料再処理において環境中にでてくる。また、原子炉では減速材として使用されている水に含まれている重水素の中性子捕獲で^{3}Hが生成する。現在のところ、原子力発電所や核燃料再処理工場ではトリチウムの回収を行っていないため、^{3}Hはすべて環境へ放出されている状況である。そのため、内部被曝の線量係数は小さいものの、原子力産業における放射線安全管理においては重要な核種である。

^{3}Hと対照的に、α線放出核種であるプルトニウムなどは非常に大きな換算係数となっている。仮に1Bqのトリチウムを吸入すると預託実効線量は成人で2.6×10^{-10} Svであるのに対し、^{239}Puではそのおよそ50万倍の1.2×10^{-4} Svとなる。このようにα線放出核種において線量係数が大きいのは、プルトニウムのα線の生物効果が非常に高い（放射線荷重係数でβ線の20倍）こと、肺や骨表面などの重要器官・組織に局在すること、および体内で滞留する時間が長いことによるものである。

2-4-4　過去に経験した人における内部被曝の例

人類は、これまで作業や事故によって、いくつかの内部被曝の事例を経験している。それらは表2-3に示すように、事故や、劣悪な作業環境、あるいは間違った医療に起因するものであった。

ウラン鉱夫におけるラドンの吸入による内部被曝は、調査の対象となる集団も大きく、重要な疫学データの一つである。コロラド、ボヘミア、オンタ

表2-2 原子力利用に関係の深い放射性核種の実効線量換算係数

放射性核種	半減期	吸入 実効線量換算係数	経口 実効線量換算係数
^{3}H	12.3 年	4.2×10^{-11}	2.6×10^{-10}
^{14}C	5730 年	5.8×10^{-10}	5.8×10^{-9}
^{32}P	14.3 日	2.4×10^{-9}	3.4×10^{-9}
^{40}K	12.8 億年	6.2×10^{-9}	2.1×10^{-9}
^{45}Ca	163 日	7.1×10^{-10}	3.7×10^{-9}
^{51}Cr	27.7 日	3.8×10^{-11}	3.7×10^{-11}
^{54}Mn	312 日	7.1×10^{-10}	1.5×10^{-9}
^{59}Fe	44.5 日	1.8×10^{-9}	4.0×10^{-9}
^{58}Co	70.8 日	7.4×10^{-10}	2.1×10^{-9}
^{60}Co	5.27 年	3.4×10^{-9}	3.1×10^{-8}
^{65}Zn	244 日	3.9×10^{-9}	2.2×10^{-9}
^{89}Sr	50.5 日	2.6×10^{-9}	7.9×10^{-9}
^{90}Sr	29.1 年	2.8×10^{-8}	1.6×10^{-7}
^{91}Sr	9.50 時間	6.5×10^{-10}	4.1×10^{-10}
^{92}Sr	2.71 時間	4.3×10^{-10}	2.3×10^{-10}
^{90}Y	2.67 日	2.7×10^{-9}	1.5×10^{-9}
^{91}Y	58.5 日	2.4×10^{-9}	8.9×10^{-9}
^{95}Zr	64.0 日	9.5×10^{-10}	5.9×10^{-9}
^{97}Zr	16.9 時間	2.1×10^{-9}	9.2×10^{-10}
^{95}Nb	35.1 日	5.8×10^{-10}	1.8×10^{-9}
^{97}Nb	1.20 時間	6.8×10^{-11}	4.5×10^{-11}
^{99}Mo	2.75 日	6.0×10^{-10}	9.9×10^{-10}
^{99m}Tc	6.02 時間	2.2×10^{-11}	2.0×10^{-11}
^{103}Ru	39.3 日	7.3×10^{-10}	3.0×10^{-9}
^{106}Ru	1.01 年	7.0×10^{-9}	6.6×10^{-8}
^{105}Rh	1.47 日	3.7×10^{-10}	4.4×10^{-10}
^{106m}Rh	2.20 時間	1.6×10^{-10}	3.5×10^{-10}
^{110m}Ag	250 日	2.8×10^{-9}	1.2×10^{-8}
^{125}Sb	2.77 年	1.1×10^{-9}	1.2×10^{-8}

放射性核種	半減期	吸入 実効線量換算係数	経口 実効線量換算係数
^{127}Sb	3.85 日	1.7×10^{-9}	1.9×10^{-9}
^{129}Te	1.16 時間	6.3×10^{-11}	3.9×10^{-11}
^{132}Te	3.26 日	3.8×10^{-9}	2.0×10^{-9}
^{129}I	1570 万年	1.1×10^{-7}	3.6×10^{-8}
^{131}I	8.04 日	2.2×10^{-8}	7.4×10^{-9}
^{133}I	20.8 時間	4.3×10^{-9}	1.5×10^{-9}
^{134}Cs	2.06 年	1.9×10^{-8}	2.0×10^{-8}
^{136}Cs	13.1 日	3.0×10^{-9}	2.8×10^{-9}
^{137}Cs	30.0 年	1.3×10^{-8}	3.9×10^{-9}
^{140}Ba	12.7 日	2.6×10^{-9}	5.8×10^{-9}
^{140}La	1.68 日	2.0×10^{-9}	1.1×10^{-9}
^{141}Ce	32.5 日	7.1×10^{-10}	3.8×10^{-9}
^{143}Ce	1.38 日	1.1×10^{-9}	8.3×10^{-10}
^{144}Ce	284 日	5.2×10^{-9}	5.3×10^{-8}
^{147}Nd	11.0 日	1.1×10^{-9}	2.4×10^{-9}
^{226}Ra	1600 年	2.8×10^{-7}	9.5×10^{-6}
^{232}Th	140 億年	2.3×10^{-7}	1.1×10^{-4}
^{235}U	7.04 億年	4.7×10^{-8}	8.5×10^{-6}
^{237}U	6.75 日	7.6×10^{-10}	1.9×10^{-9}
^{238}U	44.7 億年	4.5×10^{-8}	8.0×10^{-6}
^{239}Np	2.36 日	8.0×10^{-10}	1.0×10^{-9}
^{238}Pu	87.7 年	2.3×10^{-7}	1.1×10^{-4}
^{239}Pu	2.41 万年	2.5×10^{-7}	1.2×10^{-4}
^{241}Am	432 年	2.0×10^{-7}	9.6×10^{-5}
^{244}Cm	18.1 年	1.2×10^{-7}	5.7×10^{-5}

この表は ICRP Publ.72 から抜粋したものであり，化学形等によって複数の値が示されている核種についてはそのうちの一番大きな値としている。また，化学形等により実効線量係数の値が数桁におよぶ範囲で異なる核種も含まれている。化学形等が明らかな場合には，当該化学形等に相当する実効線量係数を ICRP Publ.72 などから使用すべきである。

表2-3　人類で認められた内部被曝での発がん集団

集団名	核種	経路	線質	原因	発がんの種類
ウラン鉱夫	^{222}Rn	吸入	α	職業被曝	肺がん
ダイアルペインター	^{226}Ra	経口	α	職業被曝	骨肉腫
トロトラスト患者	^{232}Th	静注	α	診断投与	肝がん，白血病
^{224}Ra投与患者	^{224}Ra	静注	α	治療目的	骨肉腫
真性多血症患者	^{32}P	静注	β	治療目的	白血病
マーシャル群島住民	^{131}I	経口	$\beta\cdot\gamma$	事故被曝	甲状腺腫
テチャ川流域住民	^{90}Sr	経口	β	事故被曝	白血病
チェルノブイリ原子力発電所4号機事故	^{131}I	経口	β	事故被曝	甲状腺腫

リオ，フランスなどで数千人から1万人規模の疫学調査が行われ，作業環境中のラドン濃度の推定値に依存して肺がんによる致死リスクが有意に増加することが明らかにされている。

　ダイアルペインターにおける骨のがんの発生は，比較的古い疫学データであるが，その後，これと関連した動物実験がユタ大学などで行われ，内部被曝のリスク評価の基礎となった重要な事例である。1900年代の初頭，欧米の時計工場では文字盤が暗闇でも光るように蛍光剤とラジウム（Ra）を混合した塗料が使われていた。この文字盤の文字を描いていたラジウムダイアルペインターと呼ばれる女子作業員で骨肉腫や骨折，貧血などが多発した。作業員がラジウムを含む夜光塗料を文字盤に塗布する際，筆の穂先を尖らせるために唇で舐めながら作業をしたのでラジウムを体内に取り込んでしまったことが原因とされている。ラジウムはカルシウムと同じアルカリ土類元素で骨に沈着し，骨の放射線障害を起こしたのである。ラジウムダイアルペインターは数千人に及ぶとされ，多数の犠牲者が出た。この疫学データは，プルトニウムなどの超ウラン元素の発がん毒性の評価の基準にもなっている。アメリカの研究グループを中心に，ラジウムとプルトニウム（Pu）の発がん効果がビーグル犬で比較された。その効果比からプルトニウムの人における発がん効果の推定が行われ，プルトニウムの規制値の設定などの重要なデータ

として利用されてきているのである。

この他，肝臓造影剤として使用された酸化トリウム溶液（トロトラスト）による内部被曝，マーシャル諸島での原水爆実験による被曝集団，チェルノブイリ原子力発電所 4 号機事故に伴う内部被曝集団など，多数の疫学的研究が進められている。

2-5　福島第一原子力発電所事故の健康影響

2011 年 3 月に発生した福島第一原子力発電所事故により多量の放射性物質が環境中に放出され，多くの方が放射線を被曝した。放射線の晩発影響が発現するまでの期間から考えて，事故による健康影響は現在進行中の事象であって，最終的にその結果の全貌が見えてくるのは，これから数十年先のことである。関係機関が，医学的な調査（例えば，健康診断など）や社会的な支援（避難者への相談，経済的援助）など，健康影響の低減に向けて地道な努力を続けるとともに，今回の事故がもたらした健康影響を科学的に正確に把握するための活動が行われている。本節の目的は，本章および第 3 章で述べる環境汚染の状況や環境中での放射性物質の挙動に関するデータに基づき，福島原発事故に伴う放射線被曝によって生じる可能性のある健康影響について考察するとともに，原子力利用の基盤として今後この分野で進めるべき科学研究や調査の方向性を明らかにすることである。

事故後の環境放射線のレベルと今後の予測（例えば，4 章 2 節）から考えて，一般公衆において早期の確定的影響が見られるような外部被曝が生じたとは考えられない。早期に発症する確定的影響の内，比較的低線量で見られるのはリンパ球数の一過性の減少である。しかしこの症状は全身に等価線量として 100 mSv を超える被曝があって初めて見られるもので，今回の事故後に一般の方でこの程度被曝を受けた状況は生じていなし，事故後の健康影響に関する調査などでも認められていない。晩発性の確定的影響として知られる放射線誘発白内障は，しきい値が数 Gy と言われており今回の事故により発生することは考えにくいが，潜伏期が平均 8 年（6 か月から 33 年）と長いことから，注意していくことは必要であろう。胎児期の被曝により生ずる重度

精神発達遅滞は，比較的低線量域にしきい値を有する晩発性の確定的影響である。2章3節で述べたように，原爆の胎内被曝者においてはしきい値100 mSv程度を超えて，はじめて有意な発生が見られることが確認されている。したがって，今回の事故により発生する可能性はほとんどないと思われるが，感受性のある時期は妊娠8〜25週程度に限定されていて対象となる集団（人数）が小さいこと，またそうした影響を心配されている方も居られると思うので，追跡調査をしていく意味がある。世界保健機関（WHO：World Health Organization）の報告書や国連原子放射線に関する科学委員会（UNSCEAR：United Nations Scientific Committee on the Effects of Atomic Radiation）の報告書においても，このような確定的影響が福島第一原子力発電所事故によって一般公衆において生じた可能性はなく，胎児への影響などが発生する可能性もないとされている。

　では確率的影響についてはどうだろうか。前述したように，確率的影響は，がんと遺伝的疾患である。福島原発事故の場合，原因となりうる放射性核種は放射性ヨウ素と放射性セシウムであるから，まずは，甲状腺がんの発生が懸念される。チェルノブイリ原子力発電所4号機事故においても，事故後に統計的に有意に増加したがんは，甲状腺がんのみであったと言われている。しかしながら，チェルノブイリ事故の際には，直ちに食品の摂取を規制したり，屋内退避や避難をするなどの適切な対応がとられなかったことから，放射性ヨウ素による被曝線量がかなり高くなってしまったことに注意が必要である。これに対し，福島原発事故では比較的早期に屋内退避や避難がなされ，また，食品の検査が徹底されて食品からの放射性ヨウ素の摂取量が小さくおさえられたことから，預託実効線量は非常に低いレベルで留まった。放射線医学総合研究所の報告[6]によれば，一般公衆において甲状腺の等価線量として1 Svを超える被曝を受けた個人はいなかったとされている。このことから将来にわたって甲状腺がんの過剰な発生が見られる可能性は少ないと考えられる。

　環境中に放出され，生活環境中に沈着した放射性セシウムによる健康影響は，外部被曝と内部被曝の両方からもたらされる。外部被曝については，第4章でも述べるが，被曝線量が大きい事故後数か月の線量推定値，モニタリ

ングによる空間線量の計測，個人が線量計をつけて測定する個人線量の測定がなされ，その結果は福島県のホームページなどで広く公表されている。事故から 4 か月後までの積算線量は，99.8% の方が 5 mSv 未満，最大値は 25 mSv と推定されている[7]。したがって，放射線被曝を直接の原因とするがんや遺伝病の過剰な発生は将来にわたって見られないであろう。UNSCEAR も，同様の推定をしており今回の事故に伴う放射線被曝によってがんや遺伝病が統計的に有意に増加することはなく，むしろ心的影響などが懸念されるとしている。一方，WHO はやや慎重であり，その報告書の中で事故後の 1 年間で 12 〜 25 mSv の高線量被曝を受けた可能性のある地域においては白血病などの増加が見られる可能性を指摘している。

　内部被曝については一般の人の間で健康影響の懸念が広がっていたが，実際には想定される外部被曝のさらに 10 分の 1 以下であることが知られている[8]。また。WHO，UNSCEAR，厚生労働省，コープ福島などが食品の摂取に伴う内部被曝線量の推定を行っているが，最も安全側（高い線量）を報告している WHO も事故後 1 年間で最大 5 mSv としている。これは内部被曝の主要な原因である食品や飲料水の管理が十分に行われていたことを示している。このように，福島原発事故においては深刻な環境汚染が生じたが，様々な施策や対応措置により大きな放射線被曝線量を受けた集団はなく，健康への直接的な影響が，統計的に検知できるようなレベルで発生するとは考えにくい。しかしながら，チェルノブイリ原子力発電所 4 号機事故では，避難生活や放射能汚染に対する不安やストレスが原因と考えられるような心臓血管系の疾患などが有意に増加した。政府や関係機関は，このような放射線を直接の原因としない，しかし事故により誘発される疾患の増大にも十分に注意を払いながら検診等の施策を確実に行っていくことが必要である。また，被害を受けた方も，放射線による健康影響について十分に理解し，また，現在の環境の汚染状況などに関する情報を集め，必要な対策や対応を考えていくことが重要である。

2-6 人以外の生物への影響

　放射線の影響は，主として人への影響に焦点が当てられてきた。これは第5章でも述べるが，環境保護の対象が主として人を中心としていた経緯によるものである。つまり，環境保全や環境保護の主たる目的は人の幸福の維持にあるとする，人間中心主義的な環境倫理感が20世紀後半まで受け入れられてきたからである。一方，20世紀後半から，人だけでなく環境そのものも保全され保護されるべきであるという考えが広く認識されるようになってきた。人間中心主義から生態系中心主義への転換である。放射線管理・防護の分野でも，人のみを対象としていた時代が終わり，人以外の生物を含めた生態系全体が保護されるべきであるという意識が強くなってきている。ここでは，そのような人以外の生物への放射線影響について，その歴史的な流れをICRPの動きを例として説明するとともに，現在の状況，さらには福島での事故に関してはどういう影響が見られているか，あるいは，見られる可能性があるか，述べていきたい。

2-6-1　これまでの経緯

　ICRP創設当初は，当然，人の健康を守るために防護計画が立てられた。これはX線を使用する技術者や科学者の中に，皮膚の炎症や皮膚がん，さらには，白血病などの発症が増加することを受け，その防護のためにICRPが設立されたという経緯からも明らかであろう。20世紀の後半に入り，公害や環境破壊が進み，人だけではなく，生態系や環境全体の保全が必要であるという意識が高まってきたこともあり，ICRPでもそのような観点からの論議が行われたが，1977年勧告では，「人が守られれば環境も防護される」という記述が新たに付加されたに止まった。このような立場は，放射線による外部照射における致死効果という点では，高等な生物ほど感受性が高く，人や哺乳動物が外部照射を受けた際の半数致死線量に比べ，昆虫や細菌，植物などでは非常に高い線量でないと致死効果が得られないことを背景にしている。しかしながら，時代とともに環境保全への関心が世界的に高まる中で，チェルノブイリ原子力発電所4号機事故が発生し，実際に事故現場などでは

植物の枯れ死などが観察されたこと，放射線の効果として，致死効果だけでなく，生殖能力（次世代への影響）や生理機能への影響などが測定できるようになり，かならずしも哺乳類だけが特異的に放射線に感受性が高いものではないことが分かってきたことによって，人以外の生物への影響が懸念されるようになってきた。さらに，放射線生物学以外の分野では，環境保全・保護を強く訴える生態系中心主義や環境中心主義の環境倫理感が欧米を中心に台頭してきた。このようなことから，ICRPでは2005年に第5専門委員会「環境の防護」が設置されて活動をはじめ，2007年勧告で「環境（人以外の生物種）の防護体系」が新たに付け加えられることとなったのである。

2-6-2　指標生物と問題とすべき生物影響

このような人以外の生物の放射線防護も必要であるとの世界的な趨勢に配慮し，ICRPは環境における放射線量と人以外の生物での放射線影響を関連付ける手法を開発していくことを主たる目的として，指標生物を定めた。つまり，影響評価を行っていく前段階として，いくつかの指標とすべき動植物を定め，それらに対して被曝線量や影響を明らかにしていくことにより生態系への放射線影響手法を確立していこうということである。別の言い方をすれば，極めて多様な生物種を対象とし，その被曝様式も多種多様である生態系を対象とした放射線管理や防護を進めるために，まずは代表的な動植物（指標動植物）をあらかじめ定めておき，それらについて放射線影響の確率や程度を明らかにした後，適切な環境情報に基づいて類似の動植物の個体や集団に対する一般的な影響評価を行っていこうというものである。そのような評価の観点に立って定められた指標動植物は，進化や種差，生態系における位置づけなどを考慮して選ばれた12種であった。具体的には，シカ，ネズミ，アヒル，カエル，サケ，カレイ，ハチ，カニ，ミミズ，マツ，牧草，海藻となっている。これらの指標動植物は，放射線影響に関する情報がある程度蓄積されていること，今後も対象として実験的研究が可能であること，形状を単純なモデルであらわすことが可能であり線量評価の対象となること，ステークホルダー間での議論においてどのような生物であるかのイメージがつかみやすいことなどの特徴も有している。

人以外の動物への放射線影響の指標は，人における放射線管理や防護における指標とは大きく異なっている。人の影響に関しては確定的影響や確率的影響として様々な放射線障害が提示され，主として低線量域ではDNAの変異の集積に伴う発がんとそれを原因とする致死効果に重点が置かれているが，環境中の人以外の生物への影響は，種の保存という点に重点を置いて評価されている。したがって，影響評価の指標としては，動植物の個体数の変化と関係する，被曝時の死亡率，特定の疾病への罹患率，繁殖率の減少，集団における個体数の減少などが取り上げられている。

2-6-3　福島原発事故による人以外の生物への影響に関する研究

　福島第一原子力発電所の事故が環境中の人以外の生物にどのような影響を与えているのかについては，研究は緒についたばかりといえる。前述の国際放射線防護委員会（ICRP）などによる議論を離れて，多くの研究グループが，（これまで放射線影響にはあまり着目されてこなかった）環境生物を対象にしたフィールド調査を進めている[9]。一部には，原子力発電所事故によって形態異常や機能変化が認められるとする調査データも提示されているが，線量・効果関係を明確に示し，放射線の影響であることを確信させるようなデータは少ない。組織的な調査・研究の例としては，東北大学を中心とするグループが避難地域に残された牛や豚，あるいは，野生のサルなどを対象に行っている調査・研究プロジェクトが，規模や信頼性の点からも特筆されるものである。詳細は当該プロジェクトのホームページ[4]を参照いただくとしても，数百頭にのぼる牛における放射性セシウムの体内分布に関する知見などは，今後のICRPの線量評価モデルに活かされていくべきデータである。また，放射線医学総合研究所（現 量子科学技術研究開発機構 放射線医学総合研究所；NIRS: National Institutes for Quantum and Radiological Science and Technology）は，福島原発事故の前から人以外の生物への放射線影響に関する研究グループを組織し，比較環境影響という観点から放射線と他の有害物質の比較や，人を含む各種の生物における放射線影響の比較に関する研究を進めてきた。惜しくも早逝したが土居雅広博士は，このような分野の研究を精力的に推し進めるとともに，ICRPをはじめとする国際機関においてこの問題を提示するな

どの功績をあげた。放射線医学総合研究所では，福島原発事故の後，組織的に福島原子力発電所近郊における人以外の生物への影響に関する調査研究を進めている。野生ネズミにおける被曝線量と染色体異常に関する調査研究は，そのような研究の一例であり，自然界における野生ネズミの被曝影響に関する貴重なデータである（63頁コラム③参照）。

COLUMN コラム3

人以外の環境生物への影響
野ネズミの線量評価と染色体異常

国立研究開発法人量子科学技術研究開発機構　放射線医学総合研究所
福島再生支援本部
久保田善久

　福島第一原発の事故は，野生生物にどのような放射線影響を与えたのか？　この問題はそこに住む人の安全安心を担保する上でも非常に重要である。

　ある生物の放射線影響を明らかにするには，その生物が被曝した放射線の線量あるいは線量率と生物学的変化（影響）の両方を評価し，その関係から観察される影響が確かに放射線によって生じたと断定できる証拠を得ることが必要であるが，自然環境に生息する生物を対象に線量評価，影響評価を行うことはなかなか難しい。

　原発事故以前より，環境の放射線防護すなわち「環境を放射線から守ること」は国際的に取り組まれてきた課題である。国際放射線防護委員会（ICRP）は標準動物および植物（Reference Animals and Plants）の概念を提唱し，標準動植物それぞれについて線量評価のために生物自身や環境媒体中（生物が生息する土壌や水）の放射性核種の濃度（Bq/kg）から生物個体が受ける線量率（µGy/day）を算出するための線量換算係数（Dose conversion factors）を，また影響評価のために算出した被曝線量率がその標準動植物において放射線影響を考慮すべきレベルであるか判断するための目安として，誘導考慮参考レベル（Derived Consideration Reference Levels）（mGy/day）を示した。このような枠組みを利用して，事故後の福島における環境生物の放射線影響を推定することは可能であった。実際，事故後間もない2011年5月にフランスIRSNの研究者らが発表した論文[1]は文部科学省のモニタリングデータとICRPに類似する線量・影響評価ツールを利用して，福島県飯舘村の土壌中の放射性物質濃度のデータからネズミの被曝線量を計算し，繁殖能力の低下が懸念されるレベルの被曝をしている可能性を示唆したが，非常に高濃度に汚染されたごく限られた地域を除いて，福島県内の大部分の地域では容易に観察されるような放射線影響は見られないことを予測した。

　しかし，福島の自然環境に生息する生物が，放射線によって実際に影響を受け

ているのかどうかという疑問に答えるには，現地の生物を対象とした放射線影響研究を遂行することが必須である．既に現地調査により事故による放射線生物影響を示唆する論文がいくつかの野生生物を対象として発表されている．野生生物の放射線影響研究は，放射線以外の要因が測定結果に及ぼす可能性や対照群の欠落，線量評価の不備など，結果を判定する際に困難を伴う場合が多いため，福島の野生生物を対象とした放射線影響研究でも慎重さが要求される．我々の研究グループは野ネズミ（主にアカネズミとヒメネズミ）を福島の汚染レベルが異なる場所で捕獲する活動を今まで複数回行い，捕獲した野ネズミの被曝線量の推定と放射線影響の探索を行ってきた．捕獲場所は，高汚染地域として原発から西 3 km に位置する大熊町夫沢，中汚染地域として北西 15 km の浪江町室原，低汚染地域として南 28 km のいわき市久ノ浜を選択した．

外部被曝線量率の推定のために，一般的に測定される NaI シンチレーションサーベイメータによる周辺線量当量と，安楽死後ホルマリン固定した野ネズミの腹腔内に埋め込んだガラス線量計で実測される吸収線量率との係数を導出するモデル実験を福島の汚染地域で実施し，その係数を使って周辺線量当量から外部被曝線量率を推測した．一方，内部被曝線量率は，捕獲時点において野ネズミの体内に存在する放射性セシウム濃度からモデル動植物の線量を計算するために開発された ERICA Tool[*1] を使って計算した．2012 年 7 月に各捕獲場所で捕獲されたヒメネズミの 1 日当たりの平均被曝線量率（mGy d^{-1}）は，低汚染地域で 0.035 ± 0.008，中汚染地域で 1.14 ± 0.2，高汚染地域で 2.72 ± 0.43 であると推定された[2]．中汚染地域と高汚染地域に生息するヒメネズミの被曝線量率は ICRP が提唱するリファレンスラットの誘導考慮参考レベル 0.1-1.0 mGy d^{-1} を超えており，何らかの生物影響が観察される可能性が示唆された．

放射線が生物に与える影響は確定的影響と確率的影響に大別されるが，^{134}Cs および ^{137}Cs による長期低線量率被曝である福島の被曝状況では，低線量・低線量率被曝でも線量に依存した頻度で発生すると考えられている確率的影響を指標として選択することが合理的である．放射線の確率的影響の指標はいくつかあるが，

＊1　ERICA Tool：欧州原子力共同体が，環境の放射線防護を目的としたスクリーニングのために開発した，線量評価に用いるソフトウェア．

我々はヒトの生物学的線量評価手法として確立されており，またハツカネズミ（実験用のマウス）で長期低線量率被曝実験データがあるリンパ球の染色体異常を放射線影響の指標として採用し，福島で捕獲した野ネズミで染色体異常が増えているかどうかを調べた。日本固有の種であるアカネズミ，ヒメネズミはハツカネズミとは別の属に分類されており，ハツカネズミで利用されている染色体解析手法がそのまま使えない。実験用のマウス（ハツカネズミ）で簡便な不安定型染色体異常検出手法として利用されている C-band 法[*2] をアカネズミとヒメネズミに適用したところ，ヒメネズミではセントロメアを明瞭に同定できたのに対し，アカネズミではセントロメアが不明瞭であり，2動原体のような不安定型染色体異常の検出が困難であることが分かった。そのため，ヒメネズミのみで C-band による2動原体染色体異常（Dicentric）頻度（%）を算出したところ，低汚染地域で 0.045 ± 0.044，中汚染地域で 0.123 ± 0.067，高汚染地域で 0.178 ± 0.056 で，中汚染地域と高汚染地域のネズミは低汚染地域のネズミと比較して有意に高い染色体異常頻度を示した[3]。リンパ球の不安定型染色体異常頻度が低線量率放射線被曝により 2〜3 倍増加したと解釈できるが，環境科学技術研究所の田中らによって実施された実験用マウスの長期低線量率照射実験の結果[4][5]を踏まえると福島の高汚染地域に生息するネズミでさえ，染色体異常以外の生物学的指標で放射線の被曝影響を検出することはかなり難しいと推定される。

[*2] C-band 法：染色体標本をアルカリ溶液で前処理した後，塩類溶液中で加温してギムザ染色する。セントロメアなど高度の反復配列をもつ構造的異質染色質の局在部位を特異的に濃染する。

原子力安全基盤科学 ❸——放射線防護と環境放射線管理

第3章

放射性物質の環境中移行と被曝評価

人が放射線を受ける，つまり，被曝するのはどういうときだろうか。福島第一原子力発電所事故の後，一部の方は原子炉から出る放射線によって被曝することを懸念した。しかし，このような直接の被曝は，発電所から数kmも離れると全く問題とならない。これは，第1章で述べたように原子炉施設から出た放射線は空気によって弱められて遠方まで届かないのである。人に被曝を与えるのは，放出された放射性セシウムなどの放射性物質が大気に拡散し，風に乗って遠方まで運ばれて人の生活圏に移行するからである。本章では，放射性物質が環境中でどのように動き，人に外部被曝を与え，また，食品や空気を介して人に取り込まれ内部被曝を与えるのか，福島原発事故後の状況を取り上げながら説明していく。また，特に内部被曝の経路として重要な食品としての摂取に関しては，事故後の食品の流通規制の根拠となった基準値についても見ていくこととする。なお，事故後の実際の福島の環境における放射性物質の濃度や放射線量，測定方法（モニタリング）などについては，第4章で取り上げている。

3-1 環境中での放射性物質の動き

　環境中に放出された放射性物質は，様々な経路を経て人に放射線被曝をもたらすことになる。例として，大気中に放出された放射性物質の主な環境中移行経路および被曝経路を図3-1に示したが，多様な経路で人への被曝をもたらすことが分かる。本節では，人の被曝線量の評価という観点に立ち，原子力発電所から放出された放射性物質の環境中での移行挙動について，現時点の一般的な知見を整理して述べるとともに，福島原発事故後の状況につい

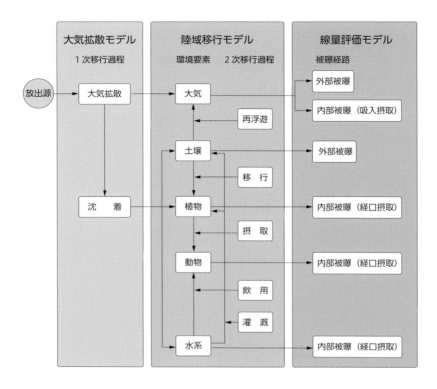

図3-1 大気中に放出された放射性核種が人の被曝に至る経路とそのモデル

て見ていくことにする。

3-1-1 人に至る経路とその特徴

原子力施設の事故によって大気中に放出された放射性物質は，放射性の気体のかたまり（プルーム）として生活環境に到達し，プルーム中の放射性物質から出るγ線による被曝（直接線による外部被曝）をもたらす。また，呼吸によってプルーム中の放射性物質が吸入摂取され，内部被曝がもたらされる。事故の初期段階で，原子力施設から放出された放射性物質のプルームが通過している状態では，この2つの経路が主要な被曝経路となる（図3-1上部右の「大気」から直接「外部被曝」と「内部被曝（吸入摂取）」に至る経路）。

これらの経路による被曝を避けるためには，当然のことながらプルームに接触しないことが必要である。

　プルームに接触しない方法としては，プルームから離れること，すなわち「避難」が最も有効である。しかしながら，避難は心理的負担や経済的負担が大きく，また，短時間に広範囲で実施することは難しいという欠点がある。これに対し，屋内に留まってプルームの通過をやり過ごす「屋内退避」は，「避難」に比べて容易に実施でき，被曝を低減できる有効な手段である。屋内退避は，特に事故直後に放射性物質が放出されて避難する時間がない場合や，要介護者など避難することによって別のリスクが高まるような場合は特に有効である。被曝線量の低減化の対策を策定する際には，線量の状況等によってこれらの対策を適切に組み合わせる必要がある。

　屋内退避を行う場合は，窓に目張りをするなどにより，プルームを屋内に入れないことが重要である。福島原発事故の前に原子力安全委員会が定めていた「原子力発電所等周辺の防災対策について（以下「防災指針」という[1]）」では，国際原子力機関（IAEA）の技術ノート（Planning for off-Site Response to Radiation Accidents in Nuclear Facilities（IAEA-TECDOC-225）[2]）を参照し，一般に屋内に退避することにより，外部被曝線量として木造家屋では 10% 程度，石造り建物では 40% 程度，大きなコンクリート建物（扉および窓から離れた場合）では 80% 以上の低減が可能とされている。また，放射性ヨウ素の吸入による内部被曝線量については，米国環境保護庁の研究を参照し，気密性の高い建物に避難すると避難しない場合に比べ甲状腺に対する線量が 20 分の 1 から 70 分の 1 に低減し，通常の換気率の建物に避難すると，4 分の 1 から 10 分の 1 程度低減するとしている。

　大気中を通過する放射性物質は，希ガスを除き，図 3-1 左端で「大気拡散」から「沈着」への矢印で示した経路，すなわち重力による沈降（乾性沈着）や，降雨雪に伴う洗浄等（湿性沈着）によって，その一部が地表面に沈着して残存する。特にプルーム通過時に降雨や降雪があった地域では，雨や雪とともにプルーム中の放射性物質が地上に降りそそぎ沈着する湿性沈着が起こり，地表面に沈着する放射性核種の量が多くなるため，プルームが通過した後の被曝線量は，湿性沈着が起こらなかった地域よりも高くなる。福島原発事故

の際も気象条件と地形，乾性・湿性沈着の状況が，環境汚染の地理的な広がりや分布と深く関係していた。（第4章を参照）

　地表面に沈着した放射性物質がγ線を放出する核種の場合，地上に沈着した状態で周辺の環境に対して放射線（γ線）を放出し，その近くにいる人に対して外部被曝をもたらす。また，土壌粒子に付着した放射性物質が，地表面から大気中に再浮遊し，吸入によって体内に取り込まれると内部被曝をもたらす。福島原発事故後に，多くの方がマスクをしていたが，これは吸入摂取経路による内部被曝を防護するために有効な方法である。一般に市販のマスクは防塵除去率（空気中の粉じんのどれくらいの割合が除去されるか）が90％以上であり，適切に装着すれば有効な内部被曝の防護具となる。また，緊急時にマスクが入手できないときは，タオルやハンカチで口鼻を覆っても一定の効果があることが知られている。前述の防災指針では，IAEA-TECDOC-225[2]を参照し，濡らしたハンカチでは60％程度の，バスタオルを2つ折りにすれば80％以上の除去効率が得られるとしている。

　放射性物質が大気から沈降した場所に農作物が生育している場合には，その農作物の可食部に直接沈着する経路や，あるいは葉面等に沈着した放射性物質が植物体内に取り込まれて可食部に移行する経路が考えられる（図3-1左中程の「沈着」から「植物」への経路）。これらをあわせて「直接沈着経路」という。リンゴや桃のような果実類を例にとれば，果実の表面に直接付着したものを経口摂取する場合と，葉や樹木に付着した放射性物質が植物体に取り込まれた後に果実に移行して，人が経口摂取する経路である。前者は，調理前の洗浄でかなり取り除くことができるが，後者は既に果実内に取り込まれているため，洗浄だけで除去することは難しい。なお，この農作物が家畜の飼料として使用される場合は，その飼料を摂取した家畜から生産される畜産物にも放射性物質が蓄積する。福島原発事故の際には，家畜が食べる牧草などには注意を払ったが，屋外で保管されていた稲わらを肉牛に与えたため，牛肉中の放射性セシウム濃度が規制値を超えたような例も報告されている。

　耕作地に沈着した放射性物質は，他の栄養分とともに根から吸収されて農作物あるいは飼料作物に移行する。この経路を「経根吸収経路」という。事故直後の放射性物質の沈着が多い時期は直接沈着経路が重要であるが，長期

的にはこの経根吸収経路が重要となる。対象とする放射性物質の耕作地の土壌における濃度と，実際に人が食べる部分（可食部）における濃度の比は，移行係数，あるいは濃度比と呼ばれ，土壌の汚染に伴って生じる食品の汚染状況や人の内部被曝線量の推定に重要な数値である。

$$移行係数 = \frac{可食部における対象放射性物質の濃度}{栽培に使われた土壌における対象放射性物質の濃度}$$

　例えば，土壌中における放射性セシウムの濃度が 100 Bq/kg であり，そこで栽培したコメの白米（可食部）の濃度が 10 Bq/kg であったとすると，移行係数は 0.1 となる。塚田らは，これまで測定された日本における土壌から農作物へのフォールアウト ^{137}Cs の移行係数について取りまとめている[3]。この取りまとめにおいて，土壌からコメへの移行係数は，概ね 0.0002~0.02 の範囲であった。今回の福島原発事故の後，5000 Bq/kg を超える土壌ではコメの作付けは制限されたが，この数値は，コメにおける移行係数を安全側の仮定として 0.1 とし，食品における暫定規制値（500 Bq/kg）から導かれたものである。

　飼料作物に含まれる放射性物質は家畜に摂取され，その一部が畜産物に移行する。人がこれらの農作物や畜産物を経口摂取することによって内部被曝することとなる。

　河川や湖沼などの淡水系に直接沈降した放射性物質，あるいはその集水域から流入した放射性物質による被曝経路としては，飲用水として摂取されることによる内部被曝と，淡水魚等の淡水産物に移行して，その淡水産物を摂取することによる内部被曝経路が考えられる。このうち，放射線防護上，最初に問題となるのは上水道，すなわち水道水の汚染である。福島原発事故の後，福島県内をはじめ，東京都などにおいても上水道の汚染が認められた。

　海洋に放出された放射性物質による被曝経路として，放射性物質が海水から魚等の海産物に移行して，その海産物を経口摂取することによる内部被曝が考えられる。また，海上や海浜での作業等による外部被曝も考えられ，今回の福島原発事故においても多様な放射性物質が海洋に放出されている。

このように，環境中に放出された放射性物質による被曝経路は様々であり，これらのうちどの経路の被曝線量が高くなるか，すなわちどの経路が被曝評価において重要であるかは，事故の状況や気象条件，評価対象地点の位置，事故からの経過時間等によって大きく異なる。例えば事故初期では，まだ放射性物質の地表面への沈着量が少ないので，施設からプルームとして大気中を流れてきた放射性物質からの被曝（外部被曝，呼吸による内部被曝）が重要になる。これに対して，ある程度時間を経た後は放射性物質が沈着した後の経路が重要となる。すなわち，一度，地表面に沈着した放射性物質からの外部被曝や，地表面から様々な経路を経て食品に達し，その食品を摂取することによる内部被曝が主要な経路となってくる。食品中の濃度やその規制については後段で詳述する。

3-1-2　平常時に原子力発電所から放出される放射性物質による人への被曝経路

　原子力施設からは，平常時においても排気口や排水口からの排気および排水にともない，管理された状況下で，放射性物質が環境中に放出されている。これらの放射性物質による外部被曝に関しては，放射性プルームに含まれる放射性希ガスによる外部被曝や，地表に沈着した放射性物質からの外部被曝が，線量に寄与する経路とされている。一方，内部被曝については，気体廃棄物として放出された放射性核種の吸入や，牛乳や葉菜を経由して摂取される経路が線量的には重要な経路とされている。また，液体廃棄物の場合は，放射性物質が海産物を経由して経口摂取される経路が重要とされている。なお，原子力発電所に起因するこれらの経路による国民1人あたりの被曝線量は高く見積もっても年間 7.7×10^{-7} mSv 程度と推定されている[4]。

　このように平常時の放出では，少量の放射性物質が連続して放出されるのに対し，事故時の放出では大量の放射性物質が短時間で放出されることとなるが，重要な被曝経路については，基本的には大きな違いはないと言える。よって，平常時から，放射性物質の環境中での移行・動態に関して調査・研究を進めて多くの知見を集積しておくこと，さらにそのような調査・研究を通して測定技術や高度なモデル化の手法などを開発し，多くの研究者，技術

者が習熟しておくことが，事故時に迅速かつ適切な対応を取る上で必須である。このような平時の備えの必要性はごく常識的なことであり，環境放射線・放射能に関連する多くの研究者は，ことあるごとに訴えてきたところである。にもかかわらず，原子力関連の環境分野では，ビキニ環礁での水爆実験やチェルノブイリ原子力発電所4号機事故などの社会的に大きな問題が発生したときには，多額の予算がつき，多くの研究者による研究が行われるが，残念ながら年を経るにつれて徐々に研究予算や研究体制が縮小し，地道な安全研究が忘れ去られて行く傾向にある。例として，ビキニ水爆実験直後における，放射性核種を含む雨や塵に関連する研究者を表3-1に示す。今から約60年前，すなわちまだ日本原子力研究所（現 日本原子力研究開発機構（JAEA：Japan Atomic Energy Agency））や放射線医学総合研究所（現「量子科学技術研究開発機構放射線医学総合研究所（NIRS: National Institutes for Quantum and Radiological Science and Technology)」）が発足していない時期であるが，大気中の放射性物質に関する研究だけで日本全国でこれだけ多くの研究者が関与していたのである。

　福島第一原子力発電所事故は，1986年に発生したチェルノブイリ原子力発電所4号機事故から25年後の2011年に発生した。まだ，チェルノブイリ事故時やその後の対応を行った経験者がシニア層にいて，その経験をある程度活かすことができた。例えば福島原発事故の際に実施された走行サーベイ（詳細は第4章で述べる）では，実際にチェルノブイリ原発の近傍で旧日本原子力研究所が実施した走行サーベイの経験が活かされ，スムーズに測定を開始することができた。しかし，仮に今回の事故が10年後，20年後に発生していたとしたら，チェルノブイリ原子力発電所4号機事故の経験が適切に活かされていたかどうか心許ない。

　今回の事故後の対応では，放射線や原子力分野だけではなく，関連分野の多くの研究者が事故後の放射性物質の動態や環境影響等に関する調査研究に参画した。事故後6年以上が経過した本章執筆時（2017年時点）でもまだ状況は収束しているとは言い難く，必要な研究体制を長期的な視点から確保するとともに，今回の事故の知見，経験を共有し，後世にしっかりと伝えていくことが重要である。

表3-1 放射能雨,塵などの研究者（1954年〜55年頃）

氏名	所属	氏名	所属	氏名	所属
鎌田政明	鹿児島大学	小穴進也	名古屋大学	金沢照子	気象研究所
大西富雄	鹿児島大学	中井信之	名古屋大学	田島英三	立教大学
北原経太	鹿児島県立大学	妹尾弘之	島根県衛生研	道家忠義	立教大学
西尾一男	鹿児島県立大学	木村健二郎	東京大学	木越邦彦	学習院大学
西尾八郎	鹿児島県立大学	横山祐之	東京大学	木羽敏泰	金沢大学
長沢隆次	鹿児島県立大学	佐野博敏	東京大学	大橋 茂	金沢大学
山本利夫	鹿児島市保健所	馬淵久夫	東京大学	渡辺博信	新潟大学
曾我部清澄	高知大学	山崎文男	科学研究所	小坂隆雄	新潟大学
品川睦明	広島大学	兼子秀子	科学研究所	小山誠太郎	新潟大学
西脇 安	大阪市立大学	岡野真治	科学研究所	外林 武	新潟大学
河合 広	大阪市立大学	宮崎友喜雄	科学研究所	小林宇五郎	新潟大学
山寺秀雄	大阪市立大学	大田正次	中央気象台	金子義久	宇都宮大学
塩川孝信	静岡大学	守田康太郎	中央気象台	小林貞作	富山大学
八木益男	静岡大学	石井千尋	気象研究所	寺崎恒信	山形大学
石橋雅義	京都大学	伊東彊自	気象研究所	加藤武雄	山形大学
四手井綱彦	京都大学	矢野 直	気象研究所	北垣敏男	東北大学
東村武信	京都大学	成瀬 弘	気象研究所	鈴木重光	弘前大学
清水 栄	京都大学	三宅泰雄	気象研究所	岡田重敏	北海道衛生研
重松恒信	京都大学	杉浦吉雄	気象研究所	熊井 基	北海道大学
西 朋太	京都大学	猿橋勝子	気象研究所	板垣和彦	北海道大学
菅原 健	名古屋大学	葛城幸雄	気象研究所	東 晃	北海道大学

出典：三宅泰雄：死の灰と闘う科学者，岩波新書（1972）．

3-1-3 福島原発事故後における放射性物質による人への被曝経路

　事故により環境に放出された放射性物質の環境中における存在量や動態については，多くのデータが報告されている。政府や関係機関の行った大規模な調査データから個人レベルのものまでおびただしい数のデータが提示されている。事故直後の放射線レベルや環境放射能レベルについては，現場での地震や津波災害，原子力発電所への直接の対応に追われ，必ずしも十分なデータはないが，小規模な調査は各種団体等によって散発的に行われた。筆者らは事故後比較的短期間における環境放射能レベルに関する貴重なデータが散逸することを防ぐため，平成24年に国際シンポジウム「東京電力福島第

一原子力発電所事故における環境モニタリングと線量評価」を開催してデータを収集し，その精度や重要性について討議した．また，平成27年には国際シンポジウム「福島の復興に向けての放射線対策に関するこれからの課題」を開催して，特に，福島の復興に向けて解決しなければならない課題はどの様なものかという観点から討議した．これらの結果は，プロシーディングならびに単行本に取りまとめて出版しているので，興味のある方は参照されたい．

Proceedings of the International Symposium on Environmental Monitoring and Dose Estimation of Residents after Accident of TEPCO's Fukushima Daiichi Nuclear Power Stations; ISBN-978-4-9906815-2-4 (from Web)

Proceedings of the International Symposium on Radiological Issues for Fukushima's Revitalized Future; ISBN-978 -4- 9906815-5-5 （from Web）

福島の復興に向けての放射線対策に関するこれからの課題報告書; ISBN 978-4-9906815-8-6（from Web）

Radiation Monitoring and Dose Estimation of the Fukushima Nuclear Accident, Sentaro Takahashi（Ed.）, 2014, DOI: 10.1007/978-4-431-54583-5

Radiological Issues for Fukushima's Revitalized Future, Tomoyuki Takahashi（Ed.）, 2016, DOI：10.1007/978-4-431-55848-4

　本節の目的は，このような多くのデータを網羅的に引用して分析することではない．前述した環境中における放射性物質の動態と人への一般的な移行経路に関するこれまでの知見から考えて，福島原発事故後の場合はどのような特徴があったのか，過去の知見では推定できないような事象はなかったのか，そのような点に焦点を当てて事故後における放射性物質の環境動態のデータをみていく．
　①事故後短期間での環境動態
　　前述のように，事故後短期間における被曝は，放射性プルームが通過する際の被曝経路が最も問題となる．東京電力福島第一原子力発電所正門前の空間線量率の変動（図3-2）に顕著に示されているように，事故後の空間線量率は一定の傾向を示さず，ある一時期に急激に上昇し，その後低下するというパターンを示している．つまり，プラントに何らか

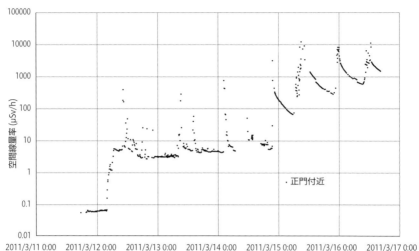

図3-2　電プラント正門での空間線量率の変化のグラフ
（プルーム通過に伴っての一時的な空間線量率の上昇の証拠として）

出典：東電ホールディングス ホームページ　モニタリング追加・修正データ（3月11日～21日）
より作成　http://www.tepco.co.jp/cc/press/betu11_j/images/110528d.pdf

　の事象が起こると，それに伴って放出された放射性物質がプルームとなって環境中に流れだし，風に乗って移動しながら拡散していくという一般的な図式が見て取れるのである。事故後の気象条件とプルームの動き，そして沈着の状況についての推定は，次章に事故時の状況として記載したので参考にしていただきたい。

　それでは，この初期に観察された放射性プルームにはどのような放射性核種が含まれていたのであろうか？　事故時の主要な核種である放射性ヨウ素（^{131}I）や放射性セシウム（^{134,137}Cs）が含まれていたことは当然であり，初期被曝線量評価については，主としてこれらの核種に着目して進められている。しかしながら，プルームにはこれ以外にも短半減期の放射性核種を含む粒子状物質や希ガスが含まれており，これらの核種

も長半減期核種と同様にプルーム通過時には人の被曝をもたらしたことは明らかであるが，その種類と量については現在も不明な点が多い。なお，プルームの飛散ごとに核種組成は異なっていた可能性があることから，短半減期の放射性核種による被曝線量を精度良く評価するためには，これらの核種組成に着目した更なる研究の進展が必要である。

例えば筆者らは，放射性テルルによる内部被曝について着目し，研究を進めてきた。その結果，地域によっては，放射性セシウムに比較して，放射性テルルによる内部被曝を無視し得ない可能性があることが明らかとなった[5]。なお，この論文はIAEAの技術レポート（IAEA-TRS-472）に記載された移行係数を用いて線量評価をしているが，テルルの移行係数はデータ数が極めて少ないため，より精度の高い評価を行うためにはテルルの土壌から農作物への移行に関する詳細な研究が必要である。

このように，事故後短期間での被曝線量を正確に評価するためには，まだまだ多くの課題が残されており，関連する各分野の研究者が積極的に研究を進める必要がある。そのためには，それぞれの分野の研究者が連携して研究を行い，線量評価全体の精度の向上に努めることが重要である。

また，まだ公開されていないデータの中には被曝線量評価に有用なデータも含まれている可能性があり，このようなデータを積極的に公開し，あるいは公開を働きかけることも必要である。特に現時点でも非公開となっているデータや，組織的な活動ではなく研究者個人が測定したデータ等は，その所在の把握が困難な状況にあり，今後埋没してしまう可能性もあることから，データの所在の確認や未公開データの発掘，およびこれらにアクセスしやすい環境の構築が急務である。

②市街地に沈着した放射性物質

一般の方の生活の場であり，放射線防護上，沈着した放射性物質が日常生活の場において長期間の被曝をもたらすという点から特に重要なものが，市街地での放射性物質の沈着である。従来から，降雨・降雪による湿性沈着と，地面や壁面への重力沈降による乾性沈着が想定されていたが，福島原発事故後の沈着に関してもこれらの従来の予測と違った特

異的な沈着は認められなかった。

　沈着後の空間線量率の変化には，土地の利用形態による差異が現れている。木名瀬らは，空間線量率の減少が二つの指数関数で表されるとする2成分1コンパートメントモデルを用いて解析を行った[6]。その結果，空間線量率の減少には，その区域での人間活動の多寡が反映されていること，すなわち，避難指示区域の内外や，土地利用形態間で大きく異なることが示唆された。図3-3に，このモデルのパラメータである「減衰が速い成分の割合」の累積頻度分布を示す。モデルおよびパラメータの詳細は参考文献をご参照頂きたいが，このパラメータ値が大きいほど初期の空間線量率の減少が早いことを示している。すなわち，例えば都市域では，他の土地利用形態の区域に比べて沈着した放射性セシウムによる空間線量率が速い速度で減少していくことが分かる。この原因は，放射性セシウムが比較的流失しやすい土地の表面形状（アスファルトの道路や建物の壁や屋根）に沈着していたことや，除染により人工的に除去されたこと，積極的に除染を行わなくとも，人が生活することによって表面から除去されることなどによるものと考えられている。このような簡便な空間線量率の推定手法は，住民帰還などの復興に役立つと考えられる。

③森林や耕作地の場合

　森林の特徴として，市街地などと異なり，土壌中の放射性セシウムが樹木に吸収されて蓄積し，落葉によって土壌に戻る循環が生じる。いわば森林自体が大きな蓄積部となり，そこから流出する放射性セシウムは全体量に比べて少ない。また，空間線量率の起源となる放射性セシウムが土壌だけではなく，樹木や葉にも存在している。このようなことから，森林は空間線量率の減少が物理的減衰による減少とほとんど変わらない（森林からの流出や浸透による空間線量率の減少が極めて小さい）傾向が見られている。都市域など人の生活環境では放射性セシウムが相対的に早く減少していくことを考えると，森林は長期的な放射性セシウムの再放出源となる可能性がある。

第 3 章 放射性物質の環境中移行と被曝評価

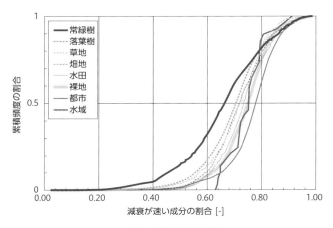

(a) 避難指示区域外

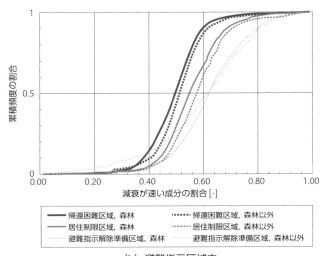

(b) 避難指示区域内

図3-3 土地の利用形態別の空間線量率減少グラフ

平成 27 年度東京電力株式会社福島第一原子力発電所事故に伴う放射性物質の分布データの集約事業成果報告書　Part2. 空間線量率分布の予測モデルの開発　図 2　http://radioactivity.nsr.go.jp/ja/contents/12000/11995/33/part2.pdf

3-2　被曝線量の評価

　事故時に限らず，平常時も含めて原子炉施設などから放出された放射性物質による影響を把握するためには，周辺住民の「被曝線量」を評価することが重要である。本節では，この住民の被曝線量の評価手法について紹介する。

3-2-1　被曝線量の評価手法

　被曝線量を評価する手法には大きく分けて二つの方法がある。一つは実測（モニタリング），もう一つはモデル計算である。実際にはモニタリングとモデル計算を組み合わせて評価を行うことも多く，その方が一般に妥当性が高い結果が得られる。

(1) モニタリング

　モニタリングの方法とは，環境中の放射線量や放射性物質の濃度をサーベイメータなどの測定器を用いて実際に測ることである。使用する装置や具体的な方法については第4章で述べるので，ここでは人での線量評価という観点から見た特徴について考えていく。まず，モニタリングによって得られるのは「測定値」であることに留意する必要がある。すなわち，ある特定の場所，特定の時間における値であり，ある程度の誤差はあるが，実際の線量や濃度等を把握することができる。なお，モニタリングポストや走行サーベイ等による連続測定ではこれらを時間軸あるいは空間軸について連続して測定できる。

　しかしながら実際に放射性物質がないところでは測定ができない。つまり例えば「将来の線量」は，その時点になるまでは当然まだ測ることができず，モニタリングでは線量の大きさを把握することができない。また，測定できない場所（例えば走行サーベイであれば地震で道が壊れた場所など）ではモニタリングができない。その他，線量や濃度が検出下限値より低く，バックグラウンドのばらつきに隠れてしまうような場合も測定はできない。すなわち，このような場所あるいは状況では，モニタリングによって線量を把握することが難しいといえる。

(2) モデル計算

モデル計算は放射性物質の動きや人に対する被曝の状況を模擬する数式（モデル）を作成し，その数式に使われている係数（パラメータ）に適切な数値を入れて計算することによって，放射性物質濃度や被曝線量などを推定（計算）する方法である。実測できないような場所や低い濃度なども計算では評価することができるという特徴を有している。しかしながら，モデル計算では，用いたモデルやパラメータが現実をよく模擬していなければ，その計算結果も正しい値とはならない。そのため，モデルやパラメータが妥当であるかどうかの検証が重要となる。環境中の放射性物質の移行や被曝に関わるモデルやパラメータは様々なので，このモデルの妥当性については後ほど詳述する。

3-2-2　原子力施設の安全評価と監視

　原子力施設を立地する際に行われる被曝評価の概念図を図3-4に示す。図3-4のAは，施設の事前評価である。施設を立地する際には，その施設が人の生活環境に及ぼす影響を事前に評価しなければならない。具体的には，その施設の立地によって放出される放射性物質や放射線による周辺環境中の放射性物質濃度や空間線量率などを推定し，そのことによって人がどの程度被曝するかを推定する。これらの推定値を，あらかじめ定められた基準値と比較することとなる。この時点ではまだ施設は立地されていないので，モニタリングでは，もともとその地域に存在する放射線量や放射性物質濃度だけが測定できる（バックグラウンドレベルの測定）。このため，施設の立地および稼働によって放出される放射性物質による被曝線量は，モニタリングデータから推定することはできず，モデル計算によって求めることになる。原子力発電所の立地に伴う周辺環境の線量評価方法については原子力規制委員会による「指針」が整備されており，その指針に従って評価を行い，その結果が基準値と比較して低いかどうかを確認することになる。

　これに対して図3-4のBは，操業時の評価である。実際に施設が建設され稼働を開始した後は，モニタリングによって実際に放射線量や放射性物質濃度が異常に上昇していないかを確認することができる。これが平常時モニタリングである。当然，放射性物質の放出口（排気口や排水口など）でもモ

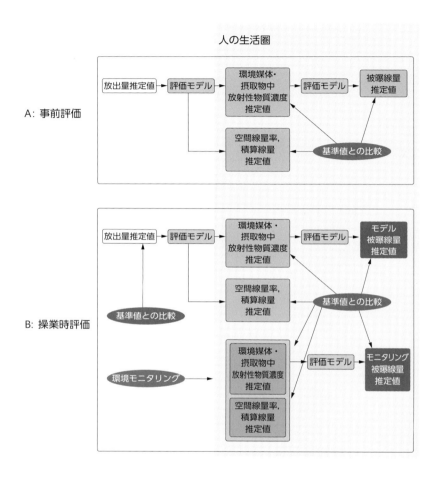

図3-4 原子力施設の立地時の評価プロセス

ニタリングが行われ，定められた濃度や量を超えていないかどうかの監視が行われる。あわせて，モデルによる評価も行われ，バックグラウンドレベルに隠れてしまうような濃度や線量であっても，モデル評価を行うことによってどの程度施設の影響があるかを確認することができる。

3-2-3　福島第一原子力発電所事故時のモニタリングとモデル計算

　福島原発事故が発生した際，施設近傍の環境モニタリングシステムは震災によって大きな被害を受けた。このため，事故直後においては事故の影響を把握するための環境モニタリングは困難を極めた。その後，様々な環境モニタリングが徐々に進められ，現在でも継続して実施されている。環境モニタリングとしては，空間線量率の測定が，定置式モニタやサーベイメータ，走行サーベイ等を用いて実施されている。また，食品（農作物，畜産物，水産物等），土壌，河川水，海水や海底土等の環境試料を採取して，その放射性物質濃度の測定も行われている。あわせて，個人線量計による個人線量の測定等も広い範囲で実施されている。

　事故による環境影響を全体的に把握するためには，放射性物質の拡散状況を平面的に把握するためのマップの作成が必要である。空間線量率や土壌に沈着した放射性物質の濃度に関する詳細なマップは，文部科学省によって作成が進められた。まず，平成 23 年 8 月 2 日に，東京電力福島第一原子力発電所から概ね 100 km 圏内の約 2,000 箇所の空間線量率や，同区域の国道や県道を中心に走行サーベイにより連続的に空間線量率を測定した結果のマップが公開された。さらに，その後いくつかの放射性核種の面積濃度マップや，河川水中濃度等のマップも作成，公開された。また，航空機サーベイにより，より広域でのモニタリングも実施されている。これらのマップ作成は現在まで継続して実施されていて，原子力規制委員会の HP で閲覧することができる。

　また，経口摂取による内部被曝防護の観点からは，「防災指針」[1] に記載されている「飲食物摂取制限に関する指標値」が食品衛生法上の暫定規制値として設定されたことにより，食品のモニタリングが事故直後から継続して実施されている。事故の初期段階においては，水道水や野菜，海産物等から，暫定規制値を超える濃度の放射性ヨウ素が検出された。その後も一部の食品から，暫定規制値を超える放射性セシウムが検出された。食品や農産物のモニタリング結果については，厚生労働省や農林水産省の HP から閲覧することができる[7][8]。このような環境モニタリングにより，少なくとも陸域については比較的早い段階でその拡散状況をある程度正確に把握することができた。海洋については陸域よりもモニタリングが困難であったが，継続して調

査が進められており，海洋モデルによる拡散状況の評価が進められている。

3-2-4　モデル評価の特徴と限界

　被曝線量を評価するには，上述のようにモニタリングによる方法とモデル計算による方法がある。ここでは主にモデル評価の特徴と限界について概説する。

　環境中の放射性物質の移行や被曝線量をモデルによって評価するためには，最初にシナリオ，モデル，パラメータを設定する必要がある。「シナリオ」とは，評価を行う入口と出口を決め，それをつなぐ経路を決めることといえる。例えば図 3-1 を例にすると，大気への放射性物質の放出（例えば単位時間あたりの放出量）が入口であり，人の被曝線量が出口である。その間には様々な移行経路があり，被曝経路がある。このような移行経路，被曝経路を同定するのが「シナリオ」の設定である。

　「シナリオ」が決まれば，次にモデルを設定する必要がある。モデルはシナリオで設定した移行経路や被曝経路を「数式」として表したものである。例えば排気口から風下側の人が住んでいるところの空気中濃度を評価するためには「大気拡散モデル」が用いられる。大気拡散モデルは煙突から放出された放射性物質が大気中で風によって運ばれていくうちに徐々に広がっていく状況を数式によって模擬し，最終的に人の住んでいる地表面での濃度を計算するモデルである。例えば原子力施設の事前評価では，大気拡散モデルとして「ガウスプルームモデル」が用いられる。ガウスプルームモデルとは簡単に言うと，図 3-5 に示すように，放射性物質が風下に向かうに従って拡散し，その空気中の濃度分布がガウス分布（正規分布）になると仮定するモデルであり，非常にシンプルなモデルである。このモデルが成り立つのは，地表面が平坦であること，無風状態ではないこと，気象条件が一定であること等の制約があるが，事前評価のような年間平均線量の評価といった目的では，十分有用である。

　これに対し福島原発事故でも話題になった緊急時迅速放射能影響予測ネットワークシステム（通称：SPEEDI）は，より詳細な拡散現象を模擬したモデルである。このようなモデルで重要なのは，事故が起きて放射性物質の放出

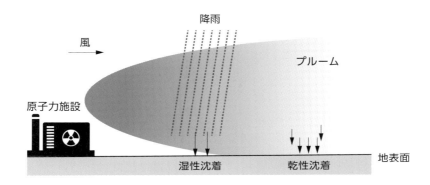

図3-5　ガウスプルームモデルの概念図

が起こった時点での気象条件で放射性物質がどのように拡散するかをできるだけ正確に模擬することであり，詳細な気象条件や地形データを考慮して評価することが不可欠である。福島の事故ではSPEEDIは防護対策への判断には活かされなかったが，事故初期において住民がどの程度被曝したかを評価するためには，SPEEDIのような詳細モデルによる大気拡散状況の再現が必要である。事故時におけるSPEEDIの運用状況と今後の課題については第4章で述べる。

　このように同じ現象を模擬する場合でも，その評価の目的や得られるデータの量等に応じて，適切なモデルは異なっていることに留意する必要がある。

　「モデル」は数式であるから，その中にはいくつかの係数が使われる。この係数を一般に「パラメータ」という。このパラメータは，「物理的減衰定数」のように定数として与えられるものや，後述する「土壌−農作物移行係数」のように実験や測定によって求められる係数，単位面積あたりの農作物生産量や食品の摂取量等，文献値や統計資料等から与えるものなど様々である。これらのパラメータは一般にばらつきを持っており，その中からどの値を選択するべきかを適切に判断して用いることが重要である。

3-2-5　土壌から農作物への放射性物質の移行

（1）シナリオの設定

　ここでは土壌から農作物への放射性核種（例えば放射性セシウム）の移行について評価することを考える。この場合，シナリオを設定する入口は「土壌中の放射性核種の濃度」であり，出口は「可食部中の放射性核種の濃度」である。その経路として考えられるのは，土壌中の放射性核種が他の栄養素とともに根から吸収され（経根吸収），茎を通過して可食部に移行する経路（シナリオ）である。なお，土壌粒子に付着した放射性核種が土壌粒子とともに舞い上がって可食部に付着する経路や，葉に付着した後に溶けて葉面から吸収されて可食部に移行する経路も考えられる。特に経根吸収経路（根から吸収されて可食部に移行する経路）による移行量が少ない核種ではこのような経路（シナリオ）も重要となる可能性があるが，ここでは経根吸収経路をモデル化することを考える。

　（2）移行係数モデル

　経根吸収に起因する作物中の放射性核種濃度を推定するためには，推定を行うために用いるモデルと，そのモデルに用いるパラメータが必要となる。土壌中の放射性核種濃度が与えられた場合，農作物中濃度を推定する手法として最も単純なモデルは，農作物中の放射性核種濃度が土壌中の放射性核種濃度に比例すると仮定するモデル（以下「移行係数モデル」という）である。図3-6に模式的に示したように，この移行係数モデルでは放射性核種が土壌から植物体内に吸収され，可食部を含む作物各部位へ移行あるいは転流して蓄積する移行機構や，その移行に伴う濃度の経時変化については考慮せず，農作物の収穫時において，「可食部の放射性核種濃度は，土壌中の放射性核種濃度に比例する」と想定したモデルになっている。よって，この移行係数モデルに用いられるパラメータは，比例係数である「土壌から農作物への移行係数（可食部等1 kgあたりの放射性核種濃度と乾燥土壌1 kgあたりの放射性核種濃度の比）」のみとなる。

　（3）移行係数モデルと不確実性

　モデルによって放射性核種の移行を評価する場合，不確実性に関する検討が重要であり，その不確実性は「シナリオ不確実性」「モデル不確実性」「パ

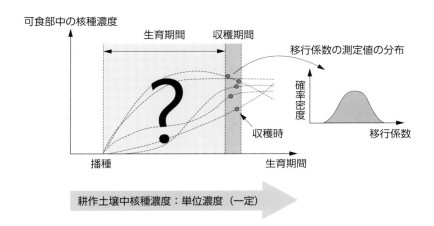

図3-6 移行係数の概念を示す模式図

ラメータ不確実性」に分類することができる。

「シナリオ不確実性」は，シナリオを設定する際に重要な経路を見落としてしまうことによって発生する。この例では，シナリオの不確実性に関する重要な点は，前述したように土壌の舞い上がりの寄与が経根吸収経路に比べて無視し得るかどうかという点である。土壌の舞い上がりの寄与が無視し得ないような場合には，両方の経路を評価することが必要となる。

「モデル不確実性」と「パラメータ不確実性」は，密接に関連している場合も多い。移行係数モデルにおける不確実性の概念図の例を図3-7に示す。移行係数モデルにおいては，作物中の放射性核種濃度が土壌中の放射性核種濃度に比例すると仮定しているので，そのモデル不確実性は，土壌中の対象とする放射性核種の濃度と農作物中における放射性核種濃度に「比例関係が成り立つか」ということになる。土壌からの放射性核種の吸収量は土壌中の他の元素の存在量など，様々な環境条件によって異なるので，厳密に言えば「土壌中の当該放射性核種濃度以外の環境条件は同一である場合において土壌中の当該放射性核種濃度と農作物中の当該放射性核種濃度に比例関係が成り立つか」ということになる。

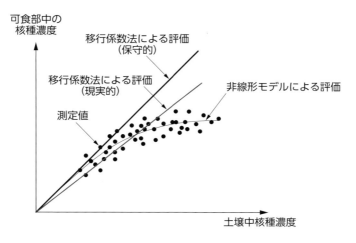

図3-7　モデルの不確実性を表す概念図

　このような「モデルの不確実性」が懸念される場合，つまり図3-7に示した例において「比例関係が成り立たない」場合には，例えば，二次関数モデルのような，より複雑なモデル（非線形モデル）を用いることが考えられる。また，評価の目的が基準値との比較など「保守的な評価」である場合は，パラメータ（移行係数）として，農作物中放射性物質濃度が高く評価される値，すなわち高めの値を用いることによって，モデル不確実性を包含することなどが考えられる。

　次に「パラメータ不確実性」についてみていく。前述したように，比例関係が成り立つ場合であっても，その比例係数である移行係数は，耕作地土壌の性状や，土壌に含まれている安定元素濃度等，種々の環境条件によって変動することが知られている。すなわち，土壌中の放射性核種濃度が同一であっても，このような環境条件の差異によって，作物中の放射性核種濃度が大きなばらつきを持つことが考えられる。農作物中濃度を移行係数モデルによって精度良く評価するためには，移行係数を精度良く推定することが必要であることから，移行係数と種々の環境条件との関連性について明らかにすることが必要となる。そしてその関連性を数式として表現すること，すなわち

環境条件を表す環境変数から移行係数というパラメータを推定するためのモデル（以下，農作物中濃度を推定するためのモデルと区別するため「サブモデル」という）を構築することが移行係数の精度の向上のために重要となる。例えば様々な環境変数と移行係数の相関関係を多変量解析することによって，移行係数を求めるための数式を導くことなどが考えられる。つまり全体としてのモデルは，移行モデルに使うパラメータをより精度高く模擬するために，パラメータを推定するサブモデルを設定し，2段構えでモデルを構成していくのである。もちろん，このサブモデルにも当然不確実性がある。この場合は，移行係数モデルのパラメータ不確実性が，サブモデルのモデル不確実性（サブモデルが環境条件と移行係数との関連性を精度良く表現しているか）と，パラメータ不確実性（サブモデルのパラメータである環境条件のばらつき等）に依存することとなる。

よって，パラメータ不確実性を減少させるためには，移行係数と関連性の高い環境条件を明らかにし，その環境条件と移行係数との関連性を明確にして，より精度の高いサブモデルを構築することが必要である。ただし，環境条件のばらつきは，評価の対象となる領域の大きさに依存する。例えば，一つの圃場であればその土質や安定元素濃度は比較的一定であるのに対し，広域（すなわち多くの圃場が含まれる）を対象に評価するような場合は，土質や安定元素濃度のばらつきも大きくなる。この環境条件のばらつきは評価対象地域の大きさに依存しており，このばらつきによる不確実性を少なくするためには，評価対象領域を限定あるいは細分化して，環境条件のばらつきを小さくすることが重要となる。逆に言えば，広域を対象とした評価ではある程度の不確実性は避けられないということである。

（4）動的モデル

前述の移行係数モデルは，土壌中の放射性核種濃度が分かれば，移行係数を乗じることによって簡便に農作物中の放射性核種濃度を推定することを可能にするので，土壌中濃度が分かっているときに，収穫時における可食部での放射性核種濃度を推定し，その経口摂取による内部被曝線量を評価するという目的では充分に有効である。しかしながら，土壌－作物系における放射性核種の移行挙動そのものを模擬したモデルではないため，可食部における

放射性核種濃度の推定以外の目的に直接用いることはできない。例えば，作物が成長するに伴って，根や葉の放射性核種の濃度が経時的にどのように変化するかを評価する場合や，土壌中の放射性核種濃度が長期的にどのように変化し，それに伴って可食部の濃度がどのように変化するかを評価するような場合は，時間変化を考慮できるモデルが必要になる。つまり時間的な変動を伴う放射性核種の移行挙動という観点から評価する必要があるため，移行係数モデルは適用できないのである。このような，環境中における放射性核種の移行挙動を評価して，その経時変化を把握することを目的とする場合は，動的コンパートメントモデルが多く用いられる。動的コンパートメントモデルは，評価対象系を，評価対象となる放射性核種の蓄積部（コンパートメント）の集合体としてモデル化し，これらのコンパートメント間の放射性核種の移動や，評価対象系外からの流入および流出を，時間の逆数の単位をもつ係数（このパラメータも一般に「移行係数」と標記される，ここでは前述の土壌から作物への移行係数（TF：Transfer Factor）と区別するため，TC（Transfer Coefficient）と記述する）を用いて表す。動的コンパートメントモデルでは，各コンパートメント内の評価対象の物質量の経時変化が常微分方程式として記述され，この連立常微分方程式に，初期値を与えて解析解あるいは数値解を求めることにより，各コンパートメント内の評価対象物質量の経時変化を求めることができる。

　水田圃場系における放射性核種の移行挙動（土壌から水稲への移行）について動的コンパートメントモデルを構築した例を図3-8に示す。図に示したモデルでは，水田圃場系外から水田土壌への放射性核種の流入をソースとし，「水田土壌」，「茎葉部」および「穂部（籾殻・糠・白米）」をコンパートメントとして設定している。これらのコンパートメント間の移行経路，及びコンパートメントから水田圃場系外の移行経路について，適切なTCの値を与えて解くことにより，水田土壌や水稲の各部位における放射性核種の蓄積量の経時変化を評価（推定）することができる。

　(5) 動的モデルと不確実性

　動的コンパートメントモデルは，モデル化の手法は移行係数モデルと異なるが，環境中の移行挙動現象を単純化して，数式に置き換えたということで

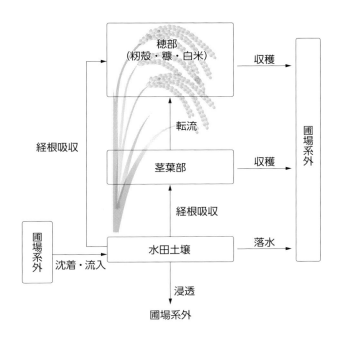

図3-8　動的コンパートメントモデルの例

は同様である。このため，その不確実性も移行係数モデルと同様であり，その不確実性として，「シナリオ不確実性」，「モデル不確実性」および「パラメータ不確実性」が存在する。また，動的コンパートメントモデルのパラメータの多くも，一般に移行係数モデルと同様にサブモデルを用いて推定されるため，その不確実性の考え方も移行係数モデルと同様である。すなわち，例えば土壌コンパートメントからイネ内部を経由してコメに蓄積する経路のTCは，前述の「土壌からコメへの移行係数」や，土壌からイネ地上部への吸収率の経時変化をパラメータとするサブモデルから推定することができる。この場合，このサブモデルのモデル不確実性が存在するとともに，「土壌からコメへの移行係数」等の不確実性はTCの「サブモデルのパラメータ不確実性」として反映されることとなる。

　土壌から作物への放射性核種の移行を評価し，作物の摂取に起因する被曝

線量を推定するためには，評価を実施する際の目的を十分考慮し，評価の目的に合致した適切なモデルおよびパラメータを選択して解析を行う必要がある。例えば，評価結果を比較するための基準値（例えば経口摂取に起因する内部被曝による被曝線量の基準値）が，平均的な状況を想定している「めやす値」であれば，パラメータも平均的な数値を用いるのが適切であるのに対し，超えてはならない「限度」と比較するのであれば，ある程度保守的な（作物中の濃度が高くなるような）パラメータ値を選択する必要がある。また，評価対象領域の範囲，モデルおよびパラメータの不確実性の要因に関する情報の量や精度等についてあらかじめ充分に考慮しておくことが重要である。

3-3　食品の規制について

前節では，放射性物質の移行評価や線量評価におけるモニタリングとモデルの役割や考え方について記述した。本節ではこれらの考え方の具体的な例として，2012年4月から施行された食品中の放射性核種濃度の基準値の制定の経緯およびその考え方について解説する。

3-3-1　暫定規制値の適用の経緯

福島原発事故によって環境中に大量の放射性物質が放出された。第1節の図3-1に示したように，これらの放射性物質は種々の移行経路を経て食品に移行し，その食品を摂取することによって内部被曝を生じる可能性が懸念された。このため，厚生労働省は，2011年3月17日に，防災指針に記載された飲食物摂取制限の指標値を「暫定規制値」とし，これを上回る食品については，食品衛生法第6条第2号に基づき規制を行うことを各自治体に対して通知した。以下，この「暫定規制値」として用いられた防災指針における飲食物摂取制限に関する指標値の導出について解説する[9]。

放射線による被曝に対する防護対策を実施する場合は，まず，被曝線量がどのレベルに達するときにその対策をとるかという判断の基礎となる線量レベルを定める必要がある。この線量レベルを「介入線量レベル」という。飲食物摂取制限に関する指標値は，放射性ヨウ素については甲状腺等価線量で

年間 50 mSv，放射性セシウム（放射性ストロンチウムの寄与を含む）については実効線量で年間 5 mSv を介入線量レベルとしている。そして，この介入線量レベルに相当する食品中放射性核種濃度（以下，「誘導介入濃度」という）を導出し，この誘導介入濃度に基づいて指標値を設定していた。

このうち，放射性セシウムの誘導介入濃度の導出においては，放射性セシウムとして ^{134}Cs（セシウム-134）および ^{137}Cs（セシウム-137）を考慮するとともに，放射性セシウムと同様に比較的半減期が長く，事故時に放出される可能性のある放射性ストロンチウムとして，^{89}Sr（ストロンチウム-89）および ^{90}Sr（ストロンチウム-90）を評価対象核種として考慮している。評価の際の核種組成は，^{90}Sr/^{137}Cs をチェルノブイリ事故における地表空気中濃度比等から 0.1 と想定し，^{89}Sr/^{90}Sr および ^{134}Cs/^{137}Cs は，燃焼度（核燃料単位重量あたりの熱出力）が 30,000 MWd/t の軽水炉燃料における代表的な生成量の割合を用いている。

食品分類は「飲料水」，「牛乳・乳製品」，「野菜類」，「穀類」および「肉・卵・魚・その他」の 5 つのカテゴリーとし，それぞれに年間 1 mSv を割りあてている。また，ピーク濃度に対する年間平均濃度の比（すなわち，この指標値の濃度に対する平均濃度との比）として 0.5 を用いている。年齢区分は成人，幼児および乳児の三段階として，それぞれの年齢区分について誘導介入濃度の解析を行った結果，放射性セシウムの飲食物摂取制限の指標値は，「飲料水」と「牛乳・乳製品」が 200 Bq/kg，「野菜類」，「穀類」と「肉・卵・魚・その他」が 500 Bq/kg とされた。なお，「野菜類」，「穀類」および「肉・卵・魚・その他」については，誘導介入濃度が最も低い「野菜類」の値に基づいて 500 Bq/kg となっている。

この飲食物摂取制限の指標値は，あくまでも「この値を超えれば防護対策として飲食物の摂取制限を考える」という指標値である。これに対し食品衛生法第 6 条第 2 号に基づく規制を行うということは，この指標値（暫定規制値）を超える食品は，「有毒な，若しくは有害な物質が含まれ，若しくは付着し，又はこれらの疑いがあるもの」に該当するため，「これを販売し，又は販売の用に供するために，採取し，製造し，輸入し，加工し，使用し，調理し，貯蔵し，若しくは陳列してはならない。」ということになる。

食品の規制についてはこの食品衛生法の他に食品安全基本法がある。食品安全基本法では，「食品の安全性の確保に関する施策の策定に当たっては食品安全委員会による食品健康影響評価が行われなければならない」とされている。しかし，この暫定規制値の設定は，「人の健康に悪影響が及ぶことを防止し，又は抑制するため緊急を要する場合で，あらかじめ食品健康影響評価を行う時間的な余裕がないとき」に該当するとして，食品安全委員会による食品健康影響評価を受けずに定められ 2011 年 3 月 17 日に通知された。そして，この通知後すぐに，厚生労働大臣より，食品安全委員会委員長に対して食品健康影響評価の要請がなされた。食品安全委員会委員長は，3 月 29 日に「放射性物質に関する緊急とりまとめ」を厚生労働大臣に対し提示した。この「とりまとめ」では，放射性ヨウ素および放射性セシウムの暫定規制値について，「食品由来の放射線曝露を防ぐ上で相当な安全性を見込んだものと考えられた」とし，「今後リスク管理側において，必要に応じた適切な検討がなされるべき」とした。また，「継続して食品健康影響評価を行う必要がある」とした。

　この動きと並行して，厚生労働省の薬事・食品衛生審議会食品衛生分科会に放射性物質対策部会（以下「放射性物質対策部会」という）が設置され，4 月 8 日に第一回目の部会が開催された。この部会では，暫定規制値を当面維持すべきであるとし，また，今後の規制値の検討に向けて，各種のデータを継続的に分析・評価する体制を構築することが必要であるとした。

　これらの時系列を，食品安全委員会と厚生労働省の関係とあわせて図 3-9 に示した。

3-3-2　基準値の設定

　前述の経緯で暫定規制値が設定された後，食品安全委員会では，継続して放射性物質による食品健康影響評価を実施した。この評価結果は同年 10 月 27 日に厚生労働省に通知されている。また，並行して，放射性物質対策部会では，第一回目の部会開催後に，暫定規制値に代わる新たな基準値（以下「基準値」という）の検討を開始した。なおこの基準値は食品衛生法第 11 条に基づく基準とされ，「公衆衛生の見地から，薬事・食品衛生審議会の意見を聴

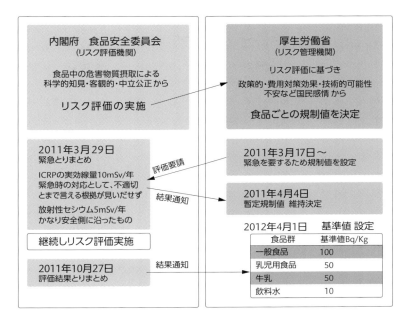

図3-9　食品中放射性物質の規制の枠組み
出典：平成24年8月 内閣府 食品安全委員会 資料より作成

いて，販売の用に供する食品若しくは添加物の製造，加工，使用，調理若しくは保存の方法につき基準を定め，又は販売の用に供する食品若しくは添加物の成分につき規格を定めることができる」との条文が適用されることとなった。

1. 介入線量レベル

食品安全委員会は，2011年10月27日に，食品中に含まれる放射性物質に関する食品健康影響評価書を厚生労働大臣へ答申した。この答申では，

・食品健康影響評価として，生涯における追加の累積の実効線量がおおよそ100 mSv以上で放射線による健康影響の可能性がある

・そのうち，小児の期間については，感受性が成人より高い可能性（甲状腺がんや白血病）がある
・100 mSv 未満の健康影響について言及することは現在得られている知見からは困難である

とされている。

また，これらを受けて「今後のリスク管理は，評価結果が生涯の追加の累積線量で示されていることを考慮し，食品からの放射性物質の検出状況，日本人の食品摂取の実態等を踏まえて行うべき」とした。なお，この「生涯における追加の累積の実効線量がおおよそ 100 mSv」というのは，あくまで食品のみから追加的な被曝を受けたことを前提としている。また，この値は，食品からの被曝を軽減するための行政上の規制値，すなわち「介入線量レベル」としてではなく，放射性物質を含む食品の摂取に関するモニタリングデータに基づく追加的な実際の被曝線量について適用されるものとしている。

この食品安全委員会の答申を受けて，10 月 28 日に，厚生労働大臣より，新たな基準値の設定の基本的考え方として，放射性セシウムについて食品から許容することのできる線量を，2012 年 4 月を目途に，年間 5 mSv から年間 1 mSv に引き下げるとする考えが示された。放射性物質対策部会では既にモニタリング結果に基づいて預託実効線量を推定しており，その結果，食品からの実際の被曝線量は，中央値の濃度の食品を継続摂取した場合の推計で，預託実効線量が年間 0.1 mSv 程度であり，また安全側の想定として，90 パーセンタイルの濃度（低い方から数えて 90% の濃度）の食品を摂取した場合でも年間 0.2 mSv 程度と推計され，十分に低いレベルにあると評価されていた。すなわち，食品安全委員会の答申による「生涯における追加の累積の実効線量がおおよそ 100 mSv」はすでにこの暫定規制値によって確保されていると考えられていた。しかし，合理的に達成できる限り線量を低く保つという考えに立ち，より一層，国民の安全・安心を確保する観点と，食品の国際基準を作る政府間組織であるコーデックス委員会が，介入を行う必要がない「介入免除レベル」として年間 1 mSv を採用していることから，介入線量レベルを年間 1 mSv に引き下げて基準値を設定することが妥当と薬事・

食品衛生審議会（薬食審）で判断された．図 3-9 にあるように，厚生労働省はリスク管理機関であり，政策的判断や国民的感情等も考慮に入れて基準値を設定することとなる．

2．規制対象核種

　福島原発事故によって放出された放射性物質には様々な放射性核種が含まれるため，その中から基準値の導出において規制対象とする核種を選定する必要がある．この規制対象核種は，基準値が事故直後ではなく，事故から一年以上経過した 2012 年 4 月以降の長期的な状況に対応するものであり，半減期が短い核種は比較的早い時点で影響がなくなることから，半減期が長く，長期的な影響を考慮する必要がある放射性核種とすべきであるとした．その結果，原子力安全・保安院が放出量の試算値を公表している核種のうち，半減期が 1 年以上の核種について考慮することと決定した．具体的には，^{134}Cs，^{137}Cs，^{90}Sr，^{106}Ru（ルテニウム -106），^{238}Pu，^{239}Pu，^{240}Pu，^{241}Pu が対象核種となったのである．このうち，放射性セシウムはゲルマニウム半導体検出器等で比較的容易に測定が可能なのに対して，^{90}Sr やプルトニウム同位体ついては，測定可能な機関が限られていることや，測定に時間がかかること等を考慮すると，これらの核種それぞれに規制値を設けて食品中濃度をモニタリングすることは現実的ではないと考えられた．よって，これらの核種濃度と放射性セシウム濃度（^{134}Cs と ^{137}Cs の濃度の合算値）の比を推定することによって，これらの核種による線量も合算した上で，介入線量レベルである年間 1 mSv を超えないように基準値を設定することとした．

　なお，^{131}I は，事故直後には一部の食品から暫定規制値を超える濃度が検出されたが，半減期が約 8 日であり，2011 年 7 月 15 日以降に食品から検出された報告はないことから，規制の対象とはしないこととした．また，この評価で対象としていない核種については，線量に対する寄与は小さいと考えられ，基準値設定の必要はないと判断された．

3．食品中放射性核種濃度比の推定

　前述したように，介入線量レベルに相当する放射性セシウムの食品中濃度

限度値を導出するためには，食品中における放射性セシウム以外の規制対象核種の，放射性セシウムに対する比を推定する必要がある。この基準値設定の検討を行っていた時点では，食品中の放射性セシウム濃度のモニタリングデータは比較的多く得られていたが，その他の核種の濃度についてはほとんどデータがなかった。このため，放射性セシウムに対する比の推定に対し「土壌中放射性核種濃度のモニタリング結果」と「植物移行モデル計算」が組み合わせて用いられた。以下に，食品の種類毎に，食品中放射性核種濃度比の推定方法を概説する。

1）農作物

　原子炉施設から大気中に放出された放射性核種が農作物に移行する経路は，事故直後においては，大気から農作物に直接放射性核種が沈着することに起因する「直接沈着経路」が支配的となる。特にこの経路の影響が大きいのは，葉菜など投影面積が大きい（核種が沈着する割合が大きい）農作物で，かつ，事故が起きて放射性核種が沈着しているときに畑に生育していた作物となる。事故直後において一部の農作物に高濃度の放射性ヨウ素が検出されたのはこの経路に起因する。

　これに対し，原子炉施設からの放出がほぼ収束し，大気からの沈着量が減少した時点では，直接沈着経路はほとんど影響がなくなる。よって，耕作地土壌に沈着した放射性核種が，他の栄養素とともに根を通して植物体内に吸収され，人が摂取する「可食部」に移行する「経根吸収経路」が支配的となる。基準値の導出においては，事故から1年以上経過した長期的な状況に対応するものであることから，農作物（飼料作物を含む）に対する放射性核種の移行経路は，土壌からの経根吸収経路が支配的であると考えられた。

　前節で記述したように，土壌から農作物への放射性核種の移行を評価するためには，土壌中放射性核種濃度と農作物中放射性核種濃度が比例するとし，その比例係数を「土壌－農作物移行係数」とする移行係数法が一般に用いられる。この移行係数法を用いると，農作物中の放射性核種濃度比は，土壌中の核種濃度比に土壌－農作物移行係数の比を乗じることによって推定することができる。土壌中の濃度比が得られている核種については，セシウムに対する濃度比を安全側に丸めた値，すなわち線量が高く評価されるように切り

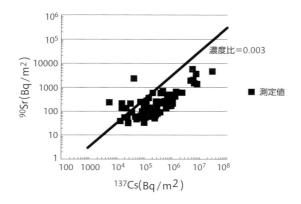

図3-10　^{90}Sr と ^{137}Cs の土壌中核種濃度比
厚生労働省サイト：食品の基準値の導出について
www.mhlw.go.jp/stf/shingi/2r9852000001yw1j-att/2r9852000001yw6t.pdf

上げた値を用い，土壌中濃度比が得られない場合は，原子力安全・保安院の放出量試算値の比をあわせて用いることによって推定された。

この評価を行っている時点で，^{90}Sr と ^{137}Cs の土壌中核種濃度比は，文部科学省が作成した放射線量等マップにおいて測定されていた。この比のグラフを図 3-10 に示す。^{90}Sr の濃度は，^{137}Cs 濃度が高い地点では若干高くなっているが，^{137}Cs 濃度が $10^6 Bq/m^2$ 程度以下の地点では，濃度の上昇がほとんど見られていない。この結果に基づき，^{90}Sr/^{137}Cs 濃度比を保守的（^{90}Sr 濃度を高く評価する ＝ ^{90}Sr 濃度を過小評価しない）に評価する観点から，^{90}Sr と ^{137}Cs の土壌中核種濃度比は 0.003 と設定された。すなわち，モニタリング結果から ^{90}Sr と ^{137}Cs の比が「安全側に」設定された。

また，土壌 − 農作物移行係数は，わが国において取得されたデータや国際原子力機関（IAEA）のレポートに基づき，他の核種の放射性セシウムに対する濃度比が過小評価とならないように，安全側の値，すなわち他の核種の濃度が高く評価される値が選択された。農作物の種類によって移行係数は変わることから，評価を行う区分は「穀類（コメを除く）」「コメ」「芋類」「葉菜類」「根菜類」「豆類」「果菜類」に区分されている。

2) 畜産物

　畜産物については，農作物と同様に直接沈着経路あるいは経根吸収経路で牧草や飼料作物に放射性核種が移行し，それを家畜が飼料として摂取することにより，畜産物に放射性核種が移行する。土壌から飼料作物への移行については，農作物と同様に評価することが可能である。飼料から畜産物への移行については，飼料－畜産物移行係数（飼料による1日あたりの放射性核種摂取量に対する，畜産物中放射性核種濃度の比で定義される係数）から，セシウムに対する他の元素の飼料－畜産物移行係数の比を導出して用いる。なお，この飼料－畜産物移行係数の比も，農作物と同様に，他の核種の放射性セシウムに対する濃度比が過小評価とならないように選択された。評価を行う区分は「牛乳」「牛肉」「豚肉」「鶏肉」「鶏卵」としている。

3) 飲料水および淡水産物

　河川や湖沼等の淡水系への放射性核種の移行は，事故直後に大気中のプルームから河川や湖沼水へ直接沈着する経路や，その集水域に沈着した放射性核種が流入する経路が考えられる。これらの経路によって淡水に移行した放射性核種は，飲料水として取水されて，摂取されることになる。また，その河川や湖沼中で生育する淡水生物に吸収され，その淡水産物を摂取する経路も考えられる。

　飲料水および淡水産物の核種濃度比を推定するために用いる淡水中核種濃度比は，^{90}Sr/^{137}Cs については放射線量等マップにおいて実測値が得られていたので，その核種濃度比を安全側に丸めた値を用いている。その他の核種は土壌中濃度比の推定値と固液分配係数比から推定された。固液分配係数は平衡状態における土壌固相と液相の核種の分配を表す係数であり，値が大きいほど固相に吸着しやすく，水圏に移行しにくいこととなる。

　また淡水から淡水産物への放射性核種の移行は，農作物や畜産物と同様に，淡水中核種濃度と淡水産物中核種濃度の比（淡水－淡水産物移行係数）から，淡水－淡水産物移行係数比を導出して用いている。なお，固液分配係数比および淡水－淡水産物移行係数比は，他の核種の放射性セシウムに対する濃度比が過小評価とならないように選択している（第2節参照）。

4) 海産物

海産物については，事故に対する応急処置等によって施設内で発生した汚染水が排水して海洋へ放出されたことに起因する海水の汚染，あるいはプルームとして大気中に放出された放射性核種が海洋側に拡散し，海面に沈降したことに起因する海水の汚染に伴い，海水あるいは海底土中に生育する海産物に放射性核種が吸収される経路が考えられる。

　発電所サイトから直接海洋に放出された放射性核種の量や組成に関する情報は少なく，また，陸域のように詳細な環境モニタリングデータもなかったため，海産物に関する放射性核種濃度比を，実測値を用いて推定することはできなかった。このため，海産物については，モデルはあってもそのモデルに入力することのできるパラメータがないため，モデルによる推定を行うことができない。よって，海産物については，放射性セシウムによる線量と，他の放射性核種による線量の寄与が等量であり，総線量は放射性セシウムによる線量の２倍であるとして評価を実施している。すなわち，モニタリングデータもモデルも適用できない状況においては，「専門家による判断」により，安全側と推定される線量評価（総線量は放射性セシウムによる線量の２倍）を適用したこととなる。

4. 食品区分

　基準値を設定する食品区分は，「飲料水」，「乳児用食品」，「牛乳」およびそれ以外の「一般食品」の４区分とされた。乳児用食品および牛乳を一般食品と分けて別の区分としたのは，食品安全委員会の「小児の期間については，感受性が成人より高い可能性」を考慮したため，特別の区分を設けて別途規制値を検討したことによる。また一般食品に細かい区分を設けなかったのは，個人の食習慣の違いの影響を最小限にすること（肉を多く食べれば魚を食べる量は少ない等），国民によって分かりやすい規制となること（複数の食材が入っている食品はどう考えるか等），コーデックス委員会などの国際的な考え方と整合すること等を考慮したためである。

　なお，これらの食品区分の範囲や，基準値を適用する際の考え方についてもあわせて検討がなされた。例えば，原材料を乾燥し，通常水戻しした状態で摂取する食品については，乾燥状態で基準値を適用するのではなく，原材

料の状態と実際に摂取する状態で一般食品の基準値を適用することが適当であるとしている。これは「摂取量」が食品としての重量で評価されていることによる。

5. 年齢区分等

　暫定規制値の導出では年齢区分を成人，幼児及び乳児の3段階としていたが，基準値の設定では，年齢の差異による食品摂取量や線量係数の差異を考慮して，年齢区分を「1歳未満」,「1～6歳」,「7～12歳」,「13～18歳」及び「19歳以上」に細分化している。また，より詳細に評価するため「1歳未満」以外は男女の食品摂取量の差も考慮して男女を別区分とし，妊婦についても別途区分している。食品摂取量は，国民の食品摂取の平均値に関する調査結果を参照して設定している。なお，飲料水の摂取量は世界保健機関（WHO）のガイドラインを踏まえ，「1歳未満」では1日1ℓ，それ以外は1日2ℓとしている。

6. 基準値の設定

　内部被曝線量（単位：Sv）は，放射性核種の摂取量（単位：Bq）に国際放射線防護委員会（ICRP）が勧告している線量係数（単位：Sv/Bq）を乗じることによって求められる。よって，各食品の摂取による年間被曝線量（単位：Sv/y）は，食品中の放射性核種濃度（単位：Bq/kg）と食品年間摂取量（単位：kg/y）の積に，それぞれの核種に対応するICRPの線量係数を乗じることによって求められる。

　基準値の設定にあたっては，まず，飲料水について，WHO飲料水水質ガイドラインにおける放射性セシウムのガイダンスレベルである10 Bq/kg（すなわち10 Bq/ℓ）を飲料水中濃度として適用することとした。なお，「このガイダンスレベルは十分保守的なものであり，ガイダンスレベルの超過は追加的な調査の契機となるものであって，必ずしもその水が安全でないことを示すものではなく，既存又は新規の飲料水供給における日常の正常な運転条件に適用される値である」とされている。

　まず，飲料水以外の食品に割りあてられる年間線量について，この飲料水

中濃度（10 Bq/ℓ）で飲料水を摂取した場合の線量（飲料水に含まれる放射性セシウム以外の核種の寄与を含む）を，介入線量レベルである年間 1 mSv から差し引くことによって求めている。この食品に割りあてられる年間線量と，食品中の放射性核種濃度比（放射性セシウム濃度に対する他の核種の濃度比），各食品の年間摂取量，各核種に対応する ICRP の線量係数および流通する食品の汚染割合を用いて，一般食品の誘導介入濃度を導出している。なお，流通する食品の汚染割合は，モニタリング検査等から得られている実測値や，流通食品に輸入食品が多く含まれる実態から，50% であると仮定された。この「50%」という値は，一般的なパラメータの名称としては「市場係数」とよばれ，対象となる食品が「市場」でどの程度他の食品で希釈されるかというパラメータである。なお，暫定規制値の評価における「年間平均濃度とピーク濃度の比として 0.5」と，モデル計算上は同じ意味を持っていることとなる。

また，「牛乳」および「乳児用食品」は，流通する食品の全てが汚染されていたとした値（すなわち「50%」を考慮しない値）として，一般食品の誘導介入濃度の 2 分の 1 の値を基準値とすることとした。なお，考慮した放射性核種は半減期が異なることから，食品中の核種濃度比も経時変化する。このため，放射性核種の物理的壊変を考慮して事故から 100 年後まで計算し，最も誘導介入濃度が低くなる時点の値を求めている。

このような計算の結果，誘導介入濃度が最も低くなるのは，「13～18 歳（男）」の 120 Bq/kg（ただし数字 3 桁目は安全側に切り下げて表示）となった。この結果を踏まえ，2011 年 12 月 22 日に開催された放射性物質対策部会は，放射性セシウムに対する基準値案として，一般食品については導出された誘導介入濃度の最小値を安全側に切り下げた 100 Bq/kg，乳児用食品および牛乳については一般食品の基準値である 100 Bq/kg の 2 分の 1 である 50 Bq/kg とすることを了承した。また，新しい基準値への移行に際しては，市場に混乱が生じないように，基準値施行後も一定の範囲で経過措置をとることが必要であるとした。

なお，この基準値に基づく食品中の放射性セシウムからの実際の内部被曝線量の推定値は，中央値濃度を用いた場合は年間 0.043 mSv，90 パーセン

タイル濃度を用いた場合は年間 0.074 mSv となり，介入線量レベルである年間 1 mSv に比べて十分に低い値となることを確認している．

以上のような考え方によって導出された基準値案は，2011 年 12 月 27 日に，厚生労働大臣から文部科学省の放射線審議会に諮問され，審議が行われた．その結果，放射線審議会は 2012 年 2 月 16 日に，この基準値案について「放射線障害防止の技術的基準に関する法律に定める基本方針の観点から技術的基準として策定することは差し支えない」とした上で，「食品の基準値の適切な運用に際して，測定機器の整備やそれを扱う人材の確保・育成などの体制を整備することが重要である」と答申した．なお，この答申には，食品に起因するリスクは既に年間 1 mSv よりも十分小さくなっており，新たな規制値の設定が放射線防護の効果を大きく高める手段になるとは考えにくいこと，ステークホルダー（様々な観点から関係を有する者）等の意見を最大限に考慮すべきであること，規制値をわずかに上回った場合においても，そのリスクの上昇はわずかであることが認識されるべきであり，この認識を踏まえたリスクコミュニケーションを適切に行うことが重要であること，「乳児用食品」および「牛乳」について特別の基準値を設けなくても，放射線防護の観点においては子どもへの配慮は既に十分なされたものであると考えられること等の意見が附された．

また，この基準値案に関して，2012 年 1 月 6 日～2 月 4 日にインターネットを通じてパブリックコメントが実施され，1877 通の意見が寄せられた．これらのうち，「基準値をより厳しくするべき」との観点からの意見が 1449 件，「子どもにさらに配慮した基準値にするべき」との観点からの意見が 819 件，「新基準値案は厳しすぎる」との観点からの意見が 55 件であった．

これらを受けて，2 月 24 日に食品衛生分科会と放射性物質対策部会の合同会議が開催され，基準値案が原案通り了承され，2012 年 4 月 1 日から施行されることとなった．

3-4 事故に伴う食品汚染と預託実効線量

前節で述べたように福島原発の事故後，食品中でのセシウム濃度に関する

表 3-2 世界保健機関（WHO），国連原子放射線に関する科学委員会（UNSCEAR）及び厚生労働省による事故後1年間における経口摂取による預託実効線量及びコープふくしまによる評価結果

	地域	預託実効線量（mSv）		
WHO [10]	いわき	0.4	-	4.0
	双葉，南相馬	0.1	-	1.0
	相馬	1.0	-	5.0
UNSCEAR [11]	福島県の避難区域以外	0.9（成人）	1.2（10才児）	1.9（1才児）
厚生労働省 [12]	福島（マーケットバスケット）	0.0039（会津）	-	0.0066（中通り）
	福島（陰膳）	0.0008（幼児）	-	0.0031（青少年以上）
コープふくしま[13]*	福島（陰膳）	0.02		0.14

*セシウムが検出された家庭での計算値

規制値が設定され，厳格な規制が実施されてきた。では，事故後1年間に食品によってもたらされた内部被曝の線量はどの程度であったか？ これについては，いくつかの推定や測定が行われ，報告されている。WHO と UNSCEAR は，土壌中の放射能濃度および土壌－植物移行係数に基づき，全て汚染されている作物を食べていたと仮定して線量を推定している。表3-2 に示したように，このような仮定と既存の土壌・移行モデルを適用して WHO が推定した預託実効線量は，事故後1年間で最大 5.0 mSv である[10]。UNSCEAR も同様な算定方法により，成人で 0.9 mSv という値を報告している[11]。いずれの報告書においても，これらの線量は全てに安全側の仮定を取ったものであり，実際の線量はこれより小さいと述べられている。一方，厚生労働省は，実際に市販されている食品中の濃度に基づく推定（マーケットバスケット法とよばれる），および各家庭で実際に飲食されている食品を回収して測定した濃度による推定（陰膳方式）によって，事故初期の1年間における経口摂取による預託実効線量は，マーケットバスケット方式で最大 0.0066 mSv（中通り），陰膳方式で最大 0.0031 mSv（青少年以上）と報告している[12]。また，コープふくしまも陰膳方式による食品試料の収集と測定を行い事故初期の1年間における預託実効線量を最大 0.14 mSv と推定してい

る[13]。2016年現在では放射性セシウムによる被曝線量が年間数μSv程度であり，介入線量レベルである年間1 mSvに比較して極めて低い線量であることが明らかとなっている。今後この基準値を維持するべきかあるいは見直すべきか，またモニタリング体制をどのようにするかなどの議論を進める必要がある。

COLUMN

コラム 4

放射線に対抗する
不安解消のための放射線測定，線量測定

近畿大学原子力研究所
山西弘城

■校庭の表土除去の光景

　2011年の春，郡山市の小学校の校庭でブルドーザーが表土を除去している様子がテレビのニュース番組で取り上げられていた。除去された土は校庭の隅に大きく山となって積みあがっていた。筆者は，こんなに深く土を掘らなくてもよいはずと思って観ていた。降下した放射性物質は地表面にあり，薄く剥ぎ取ることで十分であると想像できたからだ。この時期は地表の土に放射性セシウムが吸着していることが一般に知れ渡りつつある頃であったように思う。おそらく化学工場の土壌汚染のようなイメージで，「汚染が容易に広がるので土壌除去の範囲を少し深めにしておくと無難であろう」との考えで作業が行われていたと考えられる。しかしながらこの場合，福島県全域を含むような広大な面積が対象となるため，同様の表土除去を続けると莫大な量の廃棄物が発生してしまう。

　それでは，どの程度の厚みの表土を除去すればよいのか。その知見を得るためには現地で土壌を採取して分析するしかない。筆者の所属する近畿大学原子力研究所は，2011年4月30日に福島県伊達郡にある川俣町を訪問し，空間線量率測定，土壌や植物といった環境試料採取，表土除去実験を行う機会に恵まれた。小中学校の校庭において土壌採取器を用いて，土壌を深さ別に採取しこれを持ち帰り，放射性セシウム濃度を定量した。その結果，地表に近いところに放射性セシウムが集中し，表土1 cm厚に約90％存在していることが分かった。このことから，表土除去は1 cm程度で十分という知見が得られた。これと並行して，川俣町農村広場で表土除去実験を行った。広場で空間線量率分布を測定して，汚染が均一であることを確認した後，運動場の整備に用いるいわゆるトンボを使って表土の除去を行い，線量率を測定した。半径5 mで表土1 cm厚程度の表土除去を行ったと

ころ除去前に比べて線量率は少し減少した。しかし劇的な減少ではなかった。それもそのはず，線源となる放射性セシウムは広く薄く存在している。足元の除染した面積は検出器に入射する立体角としては一部分に過ぎない。このとき改めて除染に莫大な労力がかかることを実感した。また，のちの分析で判明したところであるが，粒径の小さな土壌粒子ほど放射性セシウムを多く保持している。このことから，表土除去を行う場合に，細かな粒子を漏らすことなく除去することが肝心であることが言える。現在では，このような調査の結果に基づく除染のガイドラインが確立し，除染が進み，住民の不安は緩和されたように思われる。しかし事故発生当初のあの大規模な表土除去の様子は，人々の放射線に対する漠然とした不安を如実に表す光景として，筆者の脳裏に焼きついている。

■環境中に放射性物質

　最初はわけが分からなかった。事故後，誰もが放射線について知りたがっていた。知的興味というよりは，真剣に心配していた。放射線の専門家は放射性物質の動きやすさの程度を気にしていた。放射線施設で非密封放射性同位元素を取り扱った経験がある方ならわかると思うが，放射性同位元素が手や衣服に付いて，その付いたものが他に付いて，というように汚染が広がっていくイメージを持っていた。私たちが川俣町を最初に訪れたときもそれを警戒していた。土壌試料を採取した後の器具を入念に洗浄したし，作業が終わって自動車に乗り込む際にはGMカウンタで衣服の表面や靴の裏も汚染検査した。

　放射性物質の汚染や沈着については不明確な点が多かったが，放射線については適切な測定を行うことによってはっきりと状況を掴むことができる。上述の川俣町は放射線に対する対抗策として，線量率を測定してその結果から判断し行動するという姿勢をとっている。2011年5月，川俣町教育委員会の佐藤次長から，教室の窓を開けて授業してよいかどうかの問い合わせがあり，測定データが添付されていた。送られてきたデータは，窓を開けた場合と閉めた場合の線量率に差異がないという結果であった。この結果が放射線遮へいの観点から説明できることを添えて，窓を開放して授業しても問題ないことを返答した。

　さらに2011年7月，川俣南小学校の正門前の道路を行き交う自動車が巻き上げる砂塵に放射性セシウムが含まれていることが懸念された。夏であったが，小

学生たちは長袖の衣服にマスク着用で登下校していた。(放射性セシウムは強い毒物もしくはインフルエンザウイルスのようなものと思われていたに違いない。)この状況を受け，筆者らは，正門前にダストサンプラを置いて1時間吸引を行い，ろ紙に付いた放射性セシウムを測定した。結果として濃度は極低であることが判明し，子どもたちは安心してマスクなしの登下校ができるようになった。

もちろん，調査結果が必ずしも不安を払拭してくれるわけではない。2011年の春には，ひまわりが土壌中の放射性セシウムを吸収してくれて除染に使えるとの情報があった。2011年の夏に川俣町でひまわりを採取して濃度測定した。残念なことにひまわりは放射性セシウムを吸収してはいたが，除染に使えるほどの大量の放射性セシウムを吸収してはくれなかった。しかしこの結果から逆に，家庭菜園でとれた野菜は放射性セシウムの含量が少ないことが推定できた。

この頃からすでに，放射線を測って状況を理解し，放射線に対抗するという姿勢が定着していたと思われる。

■測定して安心——ガラスバッジによる個人の被曝線量の測定

近畿大学は川俣町から震災復興アドバイザーの委嘱を受けている。2011年6月に町の幼稚園・保育園，小中学校に通っている子供たち全員にガラスバッジを着用してもらうように支援を開始した。ガラスバッジは，原子力施設や放射線施設，医療機関等において，個人の外部被曝線量を測定する器具である。ガラス素子に刻まれた着用期間中の「放射線の記録」を回収して読み取るので，電源が不要で1個あたりが安価である。用意したガラスバッジの数は1700であった。線量が低いことは予想できたが，線量は一人ひとりの行動によって異なることも考えられるので，自身の線量を測って確認して安心してもらえるように企画提案した。子供たちとその保護者の意思でガラスバッジが使用された。教育委員会が主催して，学校を通じてガラスバッジを配布した。3か月毎に回収交換し，2014年3月まで継続した。回収率は100%近くにのぼり，信頼性の高い調査となった。このことは，測定して確認することが重要であるとの認識が，町民の方々の間に深く浸透していることを物語っている。

測定結果を返すのみでは，測定値の意味がわからないままなので，不安の解消にはならない。測定結果の返却方法については，佐藤次長の後を引き継いだ仲江

次長のこだわりもあって，近畿大学が結果を分析し，アドバイスという形でまとめ，まずは学校長と養護教諭に納得していただけるように説明会を開催し，その後，保護者あてにアドバイスを結果に添えて返却するというスタイルをとった。さらに保護者向けの説明会の開催とその直後の健康相談会の開催を行った。第1回の説明会＆健康相談には，不安をお持ちの多くの方が参加された。その後は安心されたのか参加者は少なくなった。

2014年2月に学校関係者の意見を聞ける場があった。ある教員は，2011年当時を思い起こして「あのころは何もわからず怖がっていた。放射線測定がされる中で，大丈夫なことがわかってきて安心につながった」と語ってくれた。

■課題は残る

低線量被曝に不安を持つすべての人に対して有効な言葉はない。どんなに低い線量でも影響があるとか，子供の放射線感受性が高いので心配であるなどである。影響の大小が理解され納得されるような表現ができないものか。年間 20 mSv なら避難レベルであり，年間 1 mSv 以下なら気にしないレベルである。しかし，この間が難しい。保護者の不安は，子供の不安。放射線を怖がるのは，保護者の考え方が支配的である。子供を守るのは親の役目との思いから当然のことと思われる。空間線量率が減少してきたとは言うものの，放射線のことは気になる。気にし続けることはしんどい。自然の放射線と同じと聞いても，いやなものを押し付けられているという感覚は消えない。「低線量の放射線は問題ない」と言うと，政府や東電の回し者，説得者とみなされて，先の話ができなくなる。現存被曝状況にあっては，そこに住む人の生活パターンが被曝線量を決める。だから，生活パターンや生活意識を見ることが重要である。たとえば，山で山菜やキノコを採って食べる習慣，家庭菜園で食事の野菜をほとんど賄うこと，孫に食べさせることが喜びであったことなどである。山林の除染についても，生活の中での山林の関わりを理解して初めて必要性がわかってくる。

最後に，何度も川俣町に通った。活動に理解を示し，旅費を支給して下さった近畿大学に感謝したい。

COLUMN コラム5

京都大学から福島県避難所に派遣された職員の被曝線量

京都大学原子炉実験所　放射線安全管理工学研究分野
木梨友子

　福島原発事故の後，文部科学省からの要請を受け京都大学原子炉実験所から延べ59名の職員が福島県に派遣され，避難所における避難住民のスクリーニング検査や，GPSを用いた車載型空間線量測定システム（KURAMAシステム　第4章参照）の開発・運用に従事した。避難所のスクリーニング要員は，2011年3月20日から4月30日の間，1チーム2～4名の構成員から成る13チームの42名が9か所の避難所に派遣され，続いて5月10日から5月23日には，6チームの17

図1　福島県内でのスクリーニングの様子（2011年3月20日）

名が KURAMA システムの開発および実際の運用の支援を行った。

　言うまでもなく，そこでは各種法令に基づき，派遣された所員の個人被曝線量管理が必要となる。作業時の外部被曝線量は，毎日の被曝線量についてはポケット線量計でモニター記録し，派遣期間中の被曝線量についてはガラスバッジ線量計（109 頁コラム④参照）により測定した。内部被曝線量の推定のためには，実験所に設置されている，鉄でできた小室の中に NaI 検出器を装備した全身計測装置（ホールボディカウンター　図 2）を用いて体内に存在する放射性セシウム量を測定した。測定された放射性セシウムの体内存在量から実効線量への変換は MONDAL 3（放射線医学総合研究所）を用いた。

　表 1 に，3 月 20 〜 22 日に派遣された第 1 班から 4 月 7 〜 9 日に派遣された第 7 班までの 23 名についての作業場所の空間線量率，外部被曝線量，および内部被曝線量を示す。これ以降に派遣された職員については，放射性セシウムおよびヨウ素はともに検出限界以下であった。

　第 1 班の 4 人の職員の体内放射能量は，放射性セシウムが 1300-1929 Bq および放射性ヨウ素 48-118 Bq で，放射性セシウムの放射能量から推定された内部被曝線量（預託実効線量）は約 28 μSv であり，派遣期間の累積外部被曝線量とほぼ同程度であった。この第 1 班の派遣期間は東京電力福島第一原子力発電所の 1 号炉と 3 号炉の水素爆発に続く放射線プルームが福島市で拡散した時期にあたる。さらに，この第 1 班は市販のマスクと普段の作業着を着用していたため，吸入摂取量が多かったものと推察される。これに続く第 2 班以降の職員に対しては防護マスクおよび防護服の着用を要請し，内部被曝線量の軽減をはかった。このため第 2 班以降の職員の内部被曝線量はかなり低くなり，さらに第 2 班以降での外部被曝線量は第 1 班の 3 分の 1 から 10 分の 1 未満に減少した。これらのデータは，避難所においてこの期間に受けた外部被曝線量と内部被曝線量の実測値の貴重な一例である。適切なマスク等の防護措置をとっていれば，内部被曝線量は十分に低くおさえられ，避難された方々についても健康影響等は生じないと考えられた。この研究の詳細については，筆者らの研究論文[1]を参照してただきたい。

　なお，避難所のスクリーニングや走行サーベイ関連で行われた職員の派遣の状況については 224 頁のコラム⑫に記載されている。

COLUMN

表1

班番号	派遣期間	派遣場所	放射性セシウム		放射性ヨウ素		外部被曝線量
			存在量 (Bq)	預託実効線量 (μSv)	存在量 (Bq)	預託実効線量 (μSv)	μSv/日
1	3月20-22日	いわき市他	1,929	28	118	11	16
2	3月23-25日	福島市	ND	0	ND	0	1.5
3	3月26-28日	福島市	ND	0	ND	0	2
4	3月29-31日	福島市, 川俣村	688	11	27	4	2
5	4月1-3日	福島市	ND	0	ND	0	5
6	4月4-6日	福島市, 桜川市	593	9	ND	0	1
7	4月7-9日	福島市	ND	0	18	2	1

ND (Not Detected): 検出限界以下
放射性セシウム, 放射性ヨウ素, および外部被曝線量は各班の最大値

図2　KURRI ホールボディカウンター
(左) 外観。鉄の壁，天井，および鉄の部屋の内面・床は，20 cm 厚さの鉄の上を 3 mm の鉛シートが覆う。(右) ベッドの上の 40 cm の位置には，8 インチ径×4 インチ厚の NaI (Tl) 結晶シンチレーションカウンターおよび光電子増倍管 4 本が設置されている。

COLUMN

コラム **6**

飲食物の放射性物質濃度の変遷

福島大学環境放射能研究所
塚田祥文

　日本における飲食物中の放射性物質の濃度に関する規制値や基準値としては，食品衛生法第 6 条 2 項「飲食に起因する衛生上の危害の発生を防止し，もって国民の健康の保護を図る」により規制され，チェルノブイリ事故後に原子力安全委員会によって示されていた指標値が，福島原発事故後「暫定規制値」として 2012 年 3 月 31 日まで約 1 年間運用された。その後様々な検討の後，パブリックコメントを経て 2012 年 4 月 1 日から新たな基準値が施行された。暫定規制値から基準値への主な変更点としては，①飲食物による年間の被曝を 5 mSv から 1 mSv に引き下げ，②年齢，性別区分を設けて評価，③放射性セシウムの基準値には，^{90}Sr，^{106}Ru 及び Pu の寄与も含めて考慮，④飲食物区分の簡略化，⑤子どもへ配慮した結果等をもとに決められたことが挙げられる。その結果，一般食品の基準値は放射性セシウムの合計値 100 Bq/kg と設定された。この結果をもとに，仮に基準値上限の食品を食べ続けたとした場合の 1 年後の被曝線量は，1 歳未満で 0.29 mSv，19 歳以上男で 0.78 mSv，19 歳以上女で 0.64 mSv となる。

　事故後，福島県において農作物のうちコメについては全袋検査が実施され，基準値を超えるコメは年々減少し，2014 年度産コメでは基準値越えが 2 袋（自家消費米），2015 年度産コメから基準値を超えるコメはなかった。一方，一般に流通している食品については，生産者，販売所等で検査を行い，基準値を十分に下回っていることを確認してから，市場に出荷されている。福島大学では，市場流通している農畜産物を対象に主に伊達市と福島市内で販売・流通している福島県産品を購入し，農畜産物中の放射性セシウム濃度の実態を調査した。その結果，2012 年と 2013 年に採取した農作物中の放射性セシウム濃度の平均値は，それぞれ 7.6 Bq/kg 生（36 試料）及び 2.0 Bq/kg 生（42 試料）であった。また，2012 年に採取した畜産物も検出限界値（1.6 Bq/kg 生，4 試料）未満と基準値を超えるもの

は一つもなく，農作物の平均濃度は年を追って減少していた。その主な理由としては，①事故からの経過による放射性セシウムの減衰（特に半減期が2年の^{134}Csは2015年で事故直後の約1/4），②畑や水田にカリウムを施用し放射性セシウムを農作物に移行させない対策の効果，③放射性セシウムは時間経過とともに土に強く吸着するため農作物に移行しにくくなるエイジング効果，④風雨の作用などで樹木に付着した放射性物質の溶脱や土壌の侵食等が考えられる。その結果，栽培されている農作物への移行は十分に低減し，農作物中の放射性セシウム濃度は事故直後に比べると，大きく減少した。なお，農耕地と異なり，生物に移行されやすい放射性セシウムの存在割合の高い山林から採取された野生キノコ，山菜等では2014年度も1.3%が基準値を超えているが，そのほとんどは自生している天然品であり，それらを市場へ出荷する際には検査での確認が必要である。

一方，放射性セシウム以外の放射性核種，特に半減期が29年と比較的長い^{90}Srに関する懸念は未だに根強く，一般住民の食品中放射性核種の汚染に関する不安は払拭されていない。特に，これから営農再開を予定している帰還困難区域では，^{90}Srに関するデータも少なく，不安解消には至っていない。そこで，福島大学では農作物中の放射性^{90}Srについて，2013年に収穫した作物を対象に調査を実施した。^{90}Srはβ線放出核種であるため，放射性セシウムのように作物を非破壊（そのまま容器に詰めた状態）で測定することができず，また低濃度であることが予測されるため，大量の試料を灰化，減容してから化学分離を行って求める必要がある。そのため，10 kg以上の農作物を灰にし分析した。試料は，福島県産に限定し市場流通している帰還困難区域外から9試料，帰還困難区域内の試験圃場から2試料を採取した。その結果，両区域から採取した農作物中^{90}Sr濃度は，0.0047～0.31 Bq/kg生（11試料）であった。福島県を除く日本における農作物中^{90}Sr濃度は，事故前の2010年度で検出限界値（ND）～0.79 Bq/kg生（271試料）及び事故後の2013年度でND～0.91 Bq/kg生（250試料）あり（日本の環境放射能と放射線：http://www.kankyo-hoshano.go.jp/kl_db/servlet/com_s_index），国内のモニタリング結果では事故前後で大きな変化はなかった。2013年に帰還困難区域内も含め福島県内の11地点の調査で求めた農作物中^{90}Sr濃度を全国調査の結果と比較すると，大気圏核実験由来の寄与を明らかに超えるような値ではなく，想定した範囲内であった。すなわち，福島県において市場流通している農作物については，

充分な低減化対策と検査体制が整備されており，基準値を超えるような作物はなかったと言えよう。

　ところで，事故後の 2013 年秋に「青森県で採取された野生キノコの放射性セシウム濃度が基準値を超えた」と報道があった。本来，野生キノコの放射性セシウム濃度は高くなることが知られており，事故前の 2010 年以前から 100 Bq/kg 生を超える野生キノコは数多く報告されている。一部の論文を下記に示すので参考にして頂きたい。このように福島原発事故と明らかに由来の異なる放射性 Cs の基準値に関しては，その摂取量や流通量を考慮して，一律に規制するのではなく今回の事故を受けて施行された基準値との区別を明確にして議論する必要があると考える。

1　H. Sugiyama, H. Shibata, K. Isomura and K. Iwashima (1994). Concentration of radiocesium in mushrooms and substrates in the sub-alpine forest of Mt. Fuji Japan. J. Food Hyg. Soc. Japan, 35, 13-22.

2　S. Yoshida, Y. Muramatsu and M. Ogawa (1994) Radiocesium concentrations in mushrooms collected in Japan. J. Environ. Radioactivity, 22, 141-154.

3　H. Tsukada, H. Shibata and H. Sugiyama (1998) Transfer of radiocaesium and stable caesium from substrata to mushrooms in a pine forest in Rokkasho-mura, Aomori, Japan. J. Environ. Radioactivity 39, 149-160.

4　H. Tsukada, T. Takahashi, S. Fukutani, K. Ohse, K. Kitayama and M. Akashi (2016) Concentrations of $^{134,\ 137}$Cs and ^{90}Sr in Agricultural Products Collected in Fukushima Prefecture on Radiological Issues for Fukushima's Revitalized Future, Springer, pp. 179-187.

COLUMN コラム7

調理・加工で飲食物を除染できるのか？

国立研究開発法人量子科学技術研究開発機構　放射線医学総合研究所
田上恵子

　放射性核種で汚染されてしまった飲食物を食べたり飲んだりし続けることで，内部被曝線量が高くなってしまうことは看過できない。そのため，放射性核種濃度があるレベルを超える場合には，出荷制限や摂取制限を行う。しかし，緊急時において，しばらく食べものが入手できない状況では，「食べない」という選択肢は選び難く，また汚染レベルが低い状況でも，内部被曝をできるだけ避けたいという心理が働くので，飲食物の除染を行うことが望まれる。特に，もし日常的に行っている調理・加工を通して除染を行えるのであれば，これは非常に有効な手段となりうる。ただし，問題は「調理・加工で除染できるのか？」ということである。実際には，除染しようとしている飲食物，対象核種，さらには汚染経路の組み合わせによって，除染効果は様々に変化する[1][2]。以下に福島原発事故以降に測定された，いくつかの例を挙げよう。

　^{131}I（ヨウ素-131）が上水に含まれる場合，煮沸すると化学式では I_2 であらわされる単体のヨウ素に変化して揮発すると考えられていたが，実際には濃縮される一方であった。では，どうすれば除去できるのか。活性炭や家庭用浄水器が試されたが，一番効果的だったのは逆浸透膜（RO膜）を通す方法であり，放射性ヨウ素のほとんどを除去することができた[3]。RO膜は金属元素を取り除くのに有効であり，実際，放射性セシウムの除去にも役立ったが，トリチウムは取り除けない。一般家庭ではコスト的にRO装置を設置することは難しいが，緊急時に備えて，避難所等ではこのような設備があると良いのかもしれない。

　緊急時において放射性物質が環境中に放出された場合，直接食品に付着することがある。いわゆる表面汚染であるが，このような場合は単に食品の表面に付着しているだけなので，水で洗浄することでも除染効果が得られる。^{131}Iの場合野菜で2～3割，放射性セシウムの場合野菜や果実で3～5割除去できたという結果

COLUMN

がある。

　緊急事態が終息し，環境中への放射性物質の放出がなくなった後は，植物では経根吸収や表面汚染部位からの吸収による放射性物質の植物体内への取り込みと可食部への移動，また畜水産物では餌や水を通して，内部汚染した食品が生産される。この状態では，食材の表面を水洗浄により除染することはほぼ不可能である。そこで，茹でたり焼いたりすることによって食材の細胞壁や細胞膜を破壊し，放射性物質を溶出する方法をとる。ただし，食材の厚みによっては茹で汁等に溶出しにくくなるので，薄切りにすると効果的である。また，放射性セシウムの場合は塩や醤油，また塩分を含む調味液に食材を漬け込むことによって，同族元素のNaとのイオン交換反応によりセシウムを食品から除染する方法も用いることができる。

　別の方法は放射性物質が集積する食品の部位を使わない（除去する）方法である。例えば米では玄米から糠を取り除いて白米に精米することで，約6割の放射性セシウムを取り除くことができる。また，魚や家畜の場合，骨に放射性ストロンチウムが蓄積することから，これらを調理に使わなければ良い。

　ただし，内部汚染している場合を過剰に恐れ，調理・加工によって放射性物質を除去しようとするあまり，必要な栄養を損ねたり，食味が落ちることがあることも忘れてはならない。料理は何事もさじ加減である。

原子力安全基盤科学 ❸──放射線防護と環境放射線管理

第 4 章

環境放射線の監視と管理

原子力の安全な利用において，周辺環境や住民の安全確保は最優先の課題である。もちろん，このことは福島原発事故の前から認識され，そのための研究や開発が行われ，必要な対策がなされてきたはずである。しかしながら，福島第一原子力発電所事故の進展やその後の対応を見ていると，その様な備えが不十分であったか，あるいは備えはされていたとしても十分に機能しなかったのではないかと思える。放射線や放射性物質を扱い慣れた筆者らでさえも，研究所での放射線安全管理のレベルを遥かに超える放射能汚染が一般環境に出現した事態を目の当たりにして，「原子力発電所がいったん放射線管理の機能を失うと，かくも悲惨な事態が現実に起こるのだ」ということを，改めて実感した。

　「はじめに」でも述べたように，事故後，筆者らは環境放射能汚染への対応についての関係機関への助言，避難所での放射能汚染検査（スクリーニング），車載型放射線測定器の開発と広域調査への協力など「環境放射線管理」に係わる様々な活動を行ってきた。本章の目的は，このような筆者らが対応し経験してきた環境放射線管理に関わる事例を科学的に検証し，その中から原子力安全基盤科学の重要な一分野である「環境放射線管理学」の今後のあり方をみつけだしていこうとするものである。

4-1　事故に伴う周辺環境の放射能汚染

　事故によって，かつてない深刻な環境放射能汚染が生じた。当初は放射性雲（プルーム）として放射性希ガスや放射性ヨウ素，放射性セシウムが拡散し，その後，乾いた状態で（乾性沈着），あるいは降雨にともない（湿性沈着），

環境中のあらゆる物体の表面に放射性核種が沈着したのである。本章では，はじめに放出された放射性核種の種類と量について説明し，これらの放射性核種についての環境中における一般的な挙動と，この知見に基づいた計算機による汚染状況の予測について述べる。そして事故後の汚染状況（陸圏を中心とするが水圏も触れる）に関して紹介する。

4-1-1 事故に伴い環境に放出された放射性核種

日本政府から IAEA に対して提出された報告書[1]によれば，事故に伴い 1 ～ 3 号炉から環境中へ放出された放射性核種とその量は表 4-1 のように推定されている。チェルノブイリ原子力発電所 4 号機の事故時の放出量と比較すると，放射性の希ガスである ^{133}Xe（キセノン-133）を除くすべての放射性核種において，環境中への放出量は福島原発事故時の方が小さい。

また，セシウムの放出量がチェルノブイリ事故の 30% 程度まで達しているものの，それ以外はチェルノブイリ事故時の 10% 未満であり，燃料の燃焼に伴って燃料中に生成されるプルトニウムなどの超ウラン元素も 0.1% 未満であることから，燃料自体の大規模な放出は起きていないとみられる。これは，炉の核分裂が制御できない状態で発生したチェルノブイリ事故と，核分裂は停止したが崩壊熱による燃料溶融が生じた福島原発事故の違いを表している。

放射線被曝や空間線量率の観点から，放出された核種の重要性について考えてみる。まず総量として一番多いのは ^{133}Xe であるが，希ガスであることから吸着や溶解，化学反応で環境中に固定化されることはなく，気体として漂うのみである。人体へ呼吸を通じて肺に入っても，そこから体内に取り込まれることなく再び呼吸で排出される。さらに半減期 5.2 日で β 崩壊により安定核である ^{133}Cs となることから，人体への被曝の影響や環境汚染の要因としては限定的であり，福島原発事故による人や環境への影響という点では支配的要因とならない。一方，放出核種の中で無視できないのは，放出量も ^{133}Xe に次ぐ多さであり甲状腺への蓄積が問題となる放射性の ^{131}I（ヨウ素-131）で，この挙動により一般公衆の甲状腺被曝が大きく左右されることになる。また，放出量が ^{131}I に次ぐ多さであり，寿命が数年～数十年と比較的

表 4-1　福島第一発電所 1 号機〜 3 号機より放出された核種とその推定量（単位Bq）

核種	半減期	1 号機	2 号機	3 号機	合計	チェルノブイリ※	比率（%）
^{133}Xe	5.2 d	3.4×10^{18}	3.5×10^{18}	4.4×10^{18}	1.1×10^{19}	6.5×10^{18}	170
^{134}Cs	2.1 y	7.1×10^{14}	1.6×10^{16}	8.2×10^{14}	1.8×10^{16}	5.4×10^{16}	33
^{137}Cs	30.0 y	5.9×10^{14}	1.4×10^{16}	7.1×10^{14}	1.5×10^{16}	8.5×10^{16}	18
^{89}Sr	50.5 d	8.2×10^{13}	6.8×10^{14}	1.2×10^{15}	2.0×10^{15}	1.15×10^{17}	1.7
^{90}Sr	29.1 y	6.1×10^{12}	4.8×10^{13}	8.5×10^{13}	1.4×10^{14}	1.0×10^{16}	1.4
^{140}Ba	12.7 d	1.3×10^{14}	1.1×10^{15}	1.9×10^{15}	3.2×10^{15}	2.4×10^{17}	1.3
^{127m}Te	109.0 d	2.5×10^{14}	7.7×10^{14}	6.9×10^{13}	1.1×10^{15}		
^{129m}Te	33.6 d	7.2×10^{14}	2.4×10^{15}	2.1×10^{14}	3.3×10^{15}		
^{131m}Te	30.0 h	2.2×10^{15}	2.3×10^{15}	4.5×10^{14}	5.0×10^{15}		
^{132}Te	78.2 h	2.5×10^{16}	5.7×10^{16}	6.4×10^{15}	8.8×10^{16}	1.15×10^{18}	7.7
^{103}Ru	39.3 d	2.5×10^{09}	1.8×10^{09}	3.2×10^{09}	7.5×10^{09}	$>1.68 \times 10^{17}$	$<4.5 \times 10^{-6}$
^{106}Ru	368.2 d	7.4×10^{08}	5.1×10^{08}	8.9×10^{08}	2.1×10^{09}	$>7.3 \times 10^{16}$	$<2.9 \times 10^{-6}$
^{95}Zr	64.0 d	4.6×10^{11}	1.6×10^{13}	2.2×10^{11}	1.7×10^{13}	1.96×10^{17}	8.7×10^{-3}
^{141}Ce	32.5 d	4.6×10^{11}	1.7×10^{13}	2.2×10^{11}	1.8×10^{13}	1.96×10^{17}	9.2×10^{-3}
^{144}Ce	284.3 d	3.1×10^{11}	1.1×10^{13}	1.4×10^{11}	1.1×10^{13}	$\sim 1.16 \times 10^{17}$	$\sim 9.5 \times 10^{-3}$
^{239}Np	2.4 d	3.7×10^{12}	7.1×10^{13}	1.4×10^{12}	7.6×10^{13}	$\sim 9.5 \times 10^{16}$	~ 0.08
^{238}Pu	87.7 y	5.8×10^{08}	1.8×10^{10}	2.5×10^{08}	1.9×10^{10}	3.5×10^{13}	0.054
^{239}Pu	24065 y	8.6×10^{07}	3.1×10^{09}	4.0×10^{07}	3.2×10^{09}	3×10^{13}	0.011
^{240}Pu	6537 y	8.8×10^{07}	3.0×10^{09}	4.0×10^{07}	3.2×10^{09}	4.2×10^{13}	7.6×10^{-3}
^{241}Pu	14.4 y	3.5×10^{10}	1.2×10^{12}	1.6×10^{10}	1.2×10^{12}	$\sim 6 \times 10^{15}$	~ 0.02
^{91}Y	58.5 d	3.1×10^{11}	2.7×10^{12}	4.4×10^{11}	3.4×10^{12}		
^{143}Pr	13.6 d	3.6×10^{11}	3.2×10^{12}	5.2×10^{11}	4.1×10^{12}		
^{147}Nd	11.0 d	1.5×10^{11}	1.3×10^{12}	2.2×10^{11}	1.6×10^{12}		
^{242}Cm	162.8 d	1.1×10^{10}	7.7×10^{10}	1.4×10^{10}	1.0×10^{11}		
^{131}I	8.0 d	1.2×10^{16}	1.4×10^{17}	7.0×10^{15}	1.6×10^{17}	$\sim 1.76 \times 10^{18}$	$\sim 4.0 \times 10^{-3}$
^{132}I	2.3 h	1.3×10^{13}	6.7×10^{06}	3.7×10^{10}	1.3×10^{13}		
^{133}I	20.8 h	1.2×10^{16}	2.6×10^{16}	4.2×10^{15}	4.2×10^{16}		
^{135}I	6.6 h	2.0×10^{15}	7.4×10^{13}	1.9×10^{14}	2.3×10^{15}		
^{127}Sb	3.9 d	1.7×10^{15}	4.2×10^{15}	4.5×10^{14}	6.4×10^{15}		
^{129}Sb	4.3 h	1.4×10^{14}	5.6×10^{10}	2.3×10^{12}	1.4×10^{14}		
^{99}Mo	66.0 h	2.6×10^{09}	1.2×10^{09}	2.9×10^{09}	6.7×10^{09}		

※ [3]

長い放射性セシウム（^{134}Cs, ^{137}Cs）は長期にわたる環境放射線の支配的要因となるため，住民帰還に向けた環境修復や農水産物への影響の対策の主要な対象となる。このため，^{131}I や ^{134,137}Cs の環境への放出過程や，放出後の挙動については様々な研究が行われている。

^{90}Sr や ^{89}Sr（ストロンチウム-90，89）や ^{239}Pu（プルトニウム-239）などは，骨に集積し人の健康へ影響を与えるという観点から重要な放射性核種であるが，福島原発事故における環境中への飛散量はチェルノブイリ原発事故などに比べると少なかった。これは放射性ヨウ素や放射性セシウムが比較的低い温度で蒸散してエアロゾル（空気中浮遊微粒子）となり大気中へ放出されるのに対し，ストロンチウムやプルトニウムは福島の事故の状況では大気中への散逸が少なかったことによる。福島県[2]によれば，事故に由来すると思われる放射性ストロンチウムは福島県内の2カ所で検出されているだけであり，プルトニウムは，明確に事故由来と考えられるものは原発の敷地周辺の1カ所で検出されているにすぎない。

4-1-2 福島第一原子力発電所事故で環境中に放出された放射性物質の挙動

放射性物質の環境中での動態経路は前章で詳しく述べたが，福島原発事故によって原子炉から放出された放射性物質が環境を汚染するまでの過程をより具体的に視覚化したものが図4-1である。原子炉の燃料やその核分裂によって生成した放射性物質は，原子炉の圧力容器内の冷却が不十分なために燃料の被覆管が高温になって溶けて損傷し，圧力容器や格納容器，さらに原子炉建屋の損傷された部分から環境中へ放出されてくる。このような発生源あるいは放出源において，放射性物質が環境中へ放出される過程は，その時点での温度や湿度，水や空気の存在，さらに周囲に存在している他の物質の種類や状態（たとえば固体，液体，気体のいずれであるかなど）などを反映して複雑な経過をたどり，単純にモデル化することは困難である。福島原発事故で環境中に放出された放射性物質は主に硫酸塩や硝酸塩のエアロゾルに吸着したものであると言われている[4]。また，炉内の燃料や金属などの溶融でできたと見られるアモルファスの極めて小さな粒，いわゆるホットパーティクルに含まれる形も観測されている[5]。これらが大気中に放出されると，その

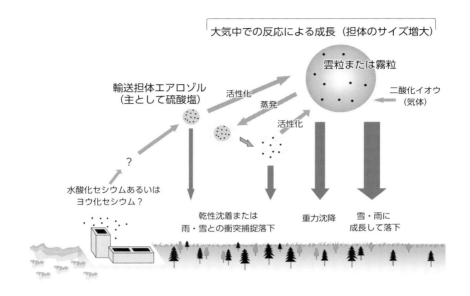

図4-1 福島第一原発事故における放射性物質の環境への主な拡散過程。
産総研広報資料（http://www.aist.go.jp/aist_j/new_research/nr20120731/nr20120731.html）より作成

時の気象条件に応じて浮遊・拡散をすることとなる。この際，単純に大気で攪拌希釈されるのではなく，しばしばプルームと呼ばれる煙のようなエアロゾル塊を構成して移動することが知られている。このプルームが上空を通過する際にプルームからのγ線により空間線量率が上昇するため，モニタリングポストで継続的に観測することで検知することができる。

プルームがそのまま通過してしまえば一時的な空間線量率の上昇で終わるが，実際には通過する時点で地表面や樹木，建物への沈着が発生する。この地表面などへの沈着過程としては，乾性沈着と湿性沈着がある。乾性沈着とは大気乱流や重力沈降による放射性物質の沈着を指し，湿性沈着は，粒子状の放射性物質が雨滴の核としてあるいは降雨に付着する形で雨とともに落ちる状態を指す。降雨による沈着，つまり湿性沈着においては，乾性沈着で落下しづらい上空に存在する放射性物質まで落下するため，乾性沈着に比べて

沈着量が大きくなる。

このようにして沈着した放射性物質はその地点に残留することとなり，長期にわたって線量率の上昇をもたらす原因となる。残留した放射性物質が硫酸塩のエアロゾルに付着していた場合，地表に落下した後，雨などにより溶解し，土壌への浸透が始まる。ホットパーティクルの場合，水に不溶なので地面への浸透は比較的少なく，その後土砂の流失などによって減少していく。

4-1-3　計算機による予測

前節で述べた環境中での挙動から分かる通り，事故によって放射性物質が環境中に放出された場合に想定される被害状況は，放出される核種と放出時の気象条件（風向・降雨）に大きく左右される。そこで，モニタリングによる放出核種の把握と気象観測網で得た気象パラメータや気象庁の数値予報データなどを元に被害状況を予測するための研究が行われてきた。そのようにして開発された代表的なシステムが緊急時迅速放射能影響予測ネットワークシステム（通称：SPEEDI）や，その拡張バージョンの W-SPEEDI などである。ここでは計算機による環境中放射性物質の挙動予測モデルの一例として SPEEDI の概略を紹介する[6]。SPEEDI はスリーマイル島原子力発電所事故をきっかけに，当時の日本原子力研究所（現日本原子力研究開発機構（JAEA））により開発が開始されたシステムであり，原子力関連施設から大量の放射性物質が放出される恐れが生じた際，周辺環境における放射性物質による影響を迅速に予測するシステムである[7]。SPEEDI は以下のような機能をもっている。

（1）データ収集・監視・登録
　　予測のために必要となる気象データを収集する。収集する情報は日本気象協会が提供する地点毎の数値予報である Grid Point Value（GPV）[8]とアメダス観測データ，原子力施設のある都道府県からの気象・環境放射線モニタリングデータである。

（2）気象予測計算
　　GPV データをもとに大気力学モデル計算を行い，アメダスデータと

モニタリングデータによる補正を加えて原子力関連施設の周囲の気象状況（風向・風速）の変化を予測する。
(3) 拡散予測計算
　気象予測計算の計算結果をもとに，放出される放射性物質の拡散状況の継時変化や人体や環境にどの程度の影響を与えるかを予測する。
(4) 予測図形作成
　予測結果を地図上に表示する。予測図としては大気中濃度，空間線量率，外部被曝線量，内部被曝線量，風速場図形がある。
(5) 予測図形配信
　予測図を国や地方公共団体の災害対策本部，自治体に配信する。

　SPEEDIは，東京の原子力安全技術センターにあるホストコンピュータで主要な処理を行い，国や各自治体にはモニタリングデータをホストコンピュータに送るため設置された中継機I，データ表示等を行う中継機IIが設置されている（図4-2）。SPEEDIは当初は発電用原子炉と再処理工場だけが対象であったが，東海村JCO臨界事故ののち試験研究炉や燃料加工工場も対象に加えられ，平常時も緊急時と同じデータ収集頻度とするなどの整備拡充が進められてきた。

4-1-4　事故時の状況

　ここで事故時の放射性物質の挙動について考える。日本原子力研究開発機構（JAEA）の堅田らはW-SPEEDI-IIを用い，2011年3月15〜17日の放射性物質の拡散状況について詳細な解析を試みている[9][10]。この結果によれば，福島における高線量地帯の主要な部分は3月15日に原子炉から放出された放射性物質の沈着により引き起こされており，測定されている空間線量のほとんどは，降雨により湿性沈着した放射性核種によるものとしている。このうち，3月15日午前に放出されたプルームは南から南西に流れ，福島県中通りで降雨帯に重なって沈着している。午後に放出されたプルームは西から北西部に流れ，夕方以降，北西部から南下した降雨帯と重なり，16日未明にかけて原子炉から北西方向に伸びる特徴的な高線量地帯を形成したと

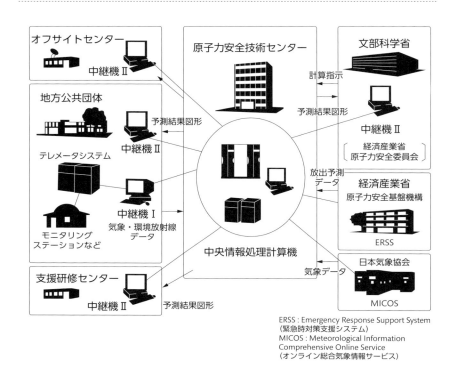

図4-2　SPEEDIの構成図。
三澤・永森2008：三澤真, 永森文雄, FUJITSU 59（2008）482.[6]

される。

　当時の汚染の拡大時に観測された気象状況やモニタリングの状況を振り返ってみる。福島県内各地で空間線量率の上昇が観測されたのは3月15日以降である。当時の福島第一原子力発電所の状況は，3月15日未明に2号機で燃料棒全露出，6時頃に水素爆発，それに続く同日9時過ぎに4号機建屋で出火が確認され，この時期以降に敷地正門付近での空間線量率が大きく上昇している。このことから，大規模な放射性物質の放出はこの時期に発生した可能性が高い。また，福島県のモニタリングデータでは15日午後1時頃に白河市で，午後2時頃に郡山市で空間線量率がほぼ平常レベルから数μSv/hまで急激に上昇したという記録が残っている。その後17時頃に福島

市で空間線量率が 20 μSv/h まで上昇しており，堅田らのシミュレーションが現実の挙動をよく説明していることがわかる。当時の福島の気象データの実測値は震災で被災していたため欠落部分が多いが，気象庁が公表している地点毎の 1 時間単位の数値予報から当時の風の状況を推定することができる。これによると 3 月 15 〜 16 日の 1000 hPa 面（高度 100 m に相当）の風の状況は，15 日 0 〜 11 時：南〜南西で海岸線におおむね沿う流れ，15 日 12 時〜 20 時：南西〜西の内陸に向かう風，15 日 21 時〜 23 時：北西に向かう風，16 日 0 時〜：南東〜南に向かう風である。風速はまちまちであるがおおむね 0 〜 6 m の範囲である。平均風速を 3 m/s（おおよそ 10 km/h）とし，この風に乗ってプルームが移動したとすると，原発から中通り（福島県中部地域）まで半日程度で到達することになる。つまり，15 日朝の 2 号機水素爆発に伴って放出されたプルームは，昼頃には中通りに，15 日午前の 4 号機建屋出火以降の放出であれば午後遅く以降に中通りへの到達が始まることになる。前述のように特にプルームが降雨と遭遇した場合，プルーム中のエアロゾル等が雨粒の核になったり，雨粒に解けたりすることで湿性沈着し，地表に著しい汚染を起こす。3 月 15 〜 16 日にかけての気象庁の観測データを見ると，3 月 15 日 17 時に中通り一帯で降雨が観測され，深夜にかけて福島〜飯舘〜相馬一帯，その後 16 日未明にかけて全県域で比較的強い雨が降っている。プルームがこのような降雨と遭遇することで湿性沈着が発生したことが予想される。当時の風の動きと合わせれば，3 月 15 日の夕刻に南西〜西の風に乗って郡山に到達したプルームが雨で湿性沈着を起こし，その後北西の風に乗って夜半に飯舘〜福島一帯まで到達したプルームが福島〜飯舘〜相馬にかけての降雨で湿性沈着を起こしたと見られる。

4-1-5 海洋における汚染拡散

　福島原発事故では汚染は海洋にも広がっている。陸上の場合と同様に大気中に放出された放射性物質が気象現象により広範囲に運ばれ海面に降下する過程，および福島第一原子力発電所から汚染水が流出し海岸に入る過程が，主な海岸の汚染過程と考えられ，これらの発生源からの流入と海流による希釈拡散過程の加わった複合的な過程により海水中の放射性物質の濃度が決ま

ってくる。たとえば，事故直後の沿岸域において高濃度のセシウムが観測されたのは流出した汚染水に起因すると考えられる。また，黒潮流域では福島原発事故由来のセシウムは観測されなかったが，一方北西部北太平洋で福島第一原子力発電所事故由来のセシウムが観測されたのは，大気中に放出された放射性物質が大気中へ拡散移行した後に海岸に沈着したことによると見られている。セシウム自体は水溶性のため大半は海水中に溶けた状態であり，海底堆積物への移行は海洋へ供給されたセシウムの10%未満と見られている[11]。

　また，陸上に沈着した放射性物質も，降雨他による土壌の侵食や流失により河川を経由して海に流入してくる。特に，セシウムは粘土質の土壌粒子などに吸着されやすいことが知られているが，その中に含まれる有機物や粘土質の土壌が河川水の中のセシウムを吸着していると考えられる。この有機物や粘土質の土壌はアルカリ性で塩分を含む海水中では沈降する傾向にあることから，河口周辺の海底へ堆積していく。

　このような海洋汚染に関する詳細については176頁のコラム⑧（「福島原発事故に伴い放出された放射性物質による海洋汚染と海洋生物への影響」）の解説を参照いただきたい。

4-2　事故後の空間線量率とその推移

　環境放射線管理において第一に必要な情報は，その地点での線量や線量率である。特に，原子力災害にあたっては，地域一帯での空間線量率の測定が行われ，地図上に表示されることになる。この地図上の表示が，被害状況の把握や住民の被曝量の推定，様々な行動計画の立案・実行の際の重要な基礎資料となる。本節では，1章で述べた空間線量率の意味や実効線量との関係を簡単に振り返り，加えて各種の測定法，そして実際に空間線量率の地図を作成する際に使われる手法について紹介する。さらに，福島第一原子力発電所の事故後における発電所周辺での実際の空間線量率の状況，その経時的な推移，将来予測について述べていく。

4-2-1　空間線量と実効線量

1章で述べたように，放射線に関わる単位には様々なものがあるが，実効線量（Sv）は，がんや遺伝病による致死リスクを指標とし，被曝形式や放射線の種類によらず比較可能であり，人の健康への影響を考える上で最も基本的な単位である。この実効線量は放射線防護・管理の目的で使われるので防護量と呼ばれている。一方，本章で取り扱う環境放射線の線量のレベルには，一般的に空間線量（より正確には周辺線量当量）と個人線量（正確には個人線量当量）という実用量が使われる。すなわち実効線量などの防護量は実際に測定することができない量（単位）であり，空間線量などの実用量は，測定器で測定される量である。

本章において使われている空間線量（率），あるいは同じ意味であるが周辺線量当量（率）H*(10) は，ある場所での放射線量（率）である。これに対し，その場所にいる人が受ける線量が個人線量等量 $H_p(10)$ である。福島第一原発事故により生じた環境放射能汚染の状況では，空間線量は，個人が装着したガラスバッチ（109頁　コラム④参照）や電子個人線量計の表示値である個人線量等量より30%程度大きな値になると推定されている。また，この個人線量等量は概ね実効線量に等しいとされている。このように一般に想定されるような状況では，実用量は防護量より大きいことが担保されており，実用量である空間線量（率）をそのまま防護量である実効線量に読み替えても安全上は問題がないようになっている。

4-2-2　空間線量率を測定する測定器

上記のように防護量を担保するために実用量が使われ，その実用量を測定するために様々な検出器が使用されている。一般に空間線量率の測定の対象となるのは，到達距離が大きい γ 線である。

放射線測定の原理と，主な放射線測定器については，183頁のコラム⑨（「放射線測定の原理と主な放射線測定器について」）にまとめた。その原理や用途によって非常に多様な測定器が使用されているが，空間線量率の測定に使用される主な測定器（検出器）としては，①シンチレーション検出器，②半導体検出器，③電離箱，④ガイガーミュラー計数管（GM管）などがある。シン

チレーション検出器はヨウ化ナトリウム（NaI）などの結晶に放射線が入射すると蛍光（シンチレーション光）が発生することを利用したもので NaI サーベイメータなどの形で，福島原発事故の空間線量率の測定で広く利用された。半導体検出器としては，ゲルマニウム半導体を用いた検出器（Ge 検出器）が一般的であり，環境試料（土壌や食品など）の測定に広く利用されている。また，電離箱検出器は，二枚の平行に向かい合った電極の間に気体を満たし，放射線の通過の際に気体中に生じる電離量を測定して放射線量を求める検出器である。気体として人体組織と平均原子量がほぼ同じ空気を選んだ電離箱の場合，広いエネルギー範囲の γ 線に対して H*(10) に近い値を与えるため，実環境中の空間線量率測定に適している。ガイガー・ミュラー計数管（GM 計数管）は，放射線源の有無を探査する（サーベイする），いわゆるサーベイメータに広く利用されている。しかしながら，その原理から，入射した放射線のエネルギーに関する情報は得られないことに注意が必要である。

4-2-3　空間線量率を求める――適当な検出器と注意点

1 章で述べた通り，防護量である等価線量や実効線量，実用量である周辺線量当量などは，すべて物理量である吸収線量がその基礎となっている。つまり，空間線量（率）を求めるための測定器は，体組織（あるいはそれに準じた ICRU 軟組織：第 1 章参照）があったとして，そこに入射する放射線一つ一つから受け取るであろうエネルギーを求めることができる，あるいはそれを積算した値を測定できるものでなくてはならない。

　シンチレーション検出器や半導体検出器の場合，個々の放射線が検出器に与えたエネルギーと入射してきた放射線の数がわかるため，結晶と体組織のエネルギーの吸収特性の違いや放射線の検出効率の違いを補正しながら数え上げていくことで吸収線量を求めることが可能である。また電離箱の場合も個別の放射線が発生させた電荷の量は検出できないものの，放射線から受け取ったエネルギーと個数で電荷の発生量が決まることから，体組織との電荷の発生量の違いを補正することで吸収線量を求めることができる。これに対し GM 計数管では，入射してきた放射線の数は数えられるものの，検出器の機能と構造から放射線のエネルギーに関わる情報は得ることができないた

め，そもそも空間線量率の測定には適していないことに注意が必要である。しばしば，検出器の校正のための放射線場を使い，GM 計数管の計数率と空間線量率の換算係数を決定し，これを使って空間線量率を求められると称しているものがある。しかし，これは入射する放射線のエネルギーが校正場と同じ場合にのみ成立する話であり，様々なエネルギーの γ 線が入射する実際の環境中では意味をなさない。このような事情により GM 計数管を使った測定器では空間線量率を直接測定することはできない。ただし，一部の GM 計数管では，検出器の入射部に吸収体を設置して計数率を補正し，体組織の吸収特性に近づけて簡易的に空間線量率を計れるようにしているものもある。

空間線量率を決定する際には，このような使用する測定器の種類だけでなく，検出器の置き方にも注意が必要である。検出器には信号処理のための回路や筐体が付属しており，これらが放射線に対する遮蔽体として働くためである。例えば，シンチレーション検出器では結晶の後方部分に光電子増倍管等があるため，その方向の感度は低下する。また GM 計数管の場合，β 線の測定も可能とするために前面は薄い窓になっていることが多いため，γ 線に対する感度は側面の方が高くなる[14]。また，測定者が検出部分を保持して測定する場合，人体が遮蔽体として働くことにも注意を払う必要がある。

4-3 空間線量率のモニタリング手法とその結果

平常時の監視，あるいは緊急時に状況を把握するためのモニタリングでは，単にある時間のある地点の測定だけではなく，線量率の分布や時間的な変化を捉える必要がある。実際に使われる手法について説明するとともに，福島原発事故後のモニタリングがどのようなものであったか見ていくことにする。

4-3-1 モニタリングポスト

モニタリングポストは，特定の場所に検出器を設置し，その場所での線量率を継続的に測定するものである。一般的には NaI シンチレーション検出器が使われることが多く，吸収線量率，または周辺線量当量 H*(10) を継続的に連続して測定するとともに，どのような放射性核種によるものかを解析

するため入射してきた放射線のエネルギー分布（放射線波高スペクトル）の測定が行われることが多い。一部のモニタリングポストでは，空気中の浮遊粉じん中の放射性核種測定を実施するダストモニタや気象観測システムも併設しており，緊急時に放射性物質の拡散状況をより詳細に把握できるようになっている。固定点に設置されるため，モニタリングポストだけで分布を測定するとなると極めて多数のモニタリングポストを設置する必要がある。そのため地理的な広がりのある面的な放射線量等，分布の推定には他の測定手法やシミュレーション計算との併用が必要となる。

4-3-2　歩行サーベイ

可搬型のサーベイメータなどを携行した測定者が，検出器を一定の高さで保持しながら徒歩で移動し，位置とともに空間線量率を測定していく手法である。サーベイメータ一つで容易に行える反面，一度に測定できる範囲が極めて限られてしまうため，広域の測定や長期にわたる測定を実施するのには不向きである。そのため，限られた区域での放射性物質の分布測定，たとえばウラン鉱山周辺の汚染分布測定，線源を紛失した際に線源を探す作業で使われることが多い。歩行サーベイは人が携行して測定するため細かく測定点を取ることができるが，測定点の位置決めには工夫が必要である。一般に使われる GPS では通常数メートル程度の精度しか出ず，移動しながらのリアルタイム測定では補正技術を併用して測位精度を高めても 1 m 程度である。さらに家屋や樹木などの周囲の物体により衛星の電波が影響を受け測位できないことが多い。したがって，歩行サーベイでの位置の同定において GPS は十分な精度をもたない。そのため，一般的にはあらかじめ測定対象区域にマス目状に標識を置き，その標識ごとに一点一点空間線量率を記録していくという方法がとられることが多い。

4-3-3　航空機サーベイ

放射線検出器を搭載した航空機で対象地域上空を飛行しながら放射線量を測定するというものである。スリーマイル島原子力発電所 2 号機事故の際に米国で実施されたことでその有用性が認識され，各国で整備開発が進んでい

る。我が国では1984年の緊急時環境放射線モニタリング指針に盛り込まれ，当時の日本原子力研究所（現日本原子力研究開発機構（JAEA））でARSAS（Aerial Radiological Survey and Assessment System）が開発[13]されて以降，研究開発が進んでいる。

　通常，航空機サーベイでは数～数十リットルという大きな体積のNaI検出器をヘリコプターに搭載，一定の対地高度，飛行速度で一定間隔の往復飛行をしながら，波高スペクトルとその測定地点を記録していく。一般的に使われている対地高度は150～300 mであり，測定時の速度は時速150 km程度である。この場合は航空機の直下の地点を中心に半径300～600 mの範囲を平均化して測定していることになる。この程度の高度になると^{137}Csのγ線（662 keV）の大気による減衰が無視できなくなる。そのため，高度に応じた減衰補正が行われる。測定範囲が広い場合，往復飛行する間隔をあまり小さくすると測定にかかる時間が著しく増えるため，航路間の未計測領域の線量については補間による推定が行われることが多い。また最近では，比較的狭い範囲でより詳細に測定を行うため，無人ヘリを比較的低空で飛行させるモニタリング手法が開発，実施されている。航空機サーベイについては186頁の コラム⑩（「航空機モニタリングによる放射線マップの作成」）を参照いただきたい。

　今回の事故においても，原子力安全技術センター，文部科学省，日本原子力研究開発機構（JAEA），米国Department of Energy（エネルギー省／DOE）などが協力して航空機サーベイを実施した[14]。実際に作成された空間線量率マップの例として，2011年4月6日から4月29日にかけて航空機サーベイで作成された空間線量率マップと，その時の航空機の航路を図4-3に示す。この時の航路の間隔は1.8 km間隔だが，一部地域は200 m程度で測っており，航路間については補間が行われている。

4-3-4　走行サーベイ

　航空機サーベイが有効なモニタリング手法であることは明らかであるものの，その一方で航空機を使用するため費用負担が大きいほか，航空機の運航上の制約で夜間の測定に制約が出たり，気象条件に大きく左右されるなど，

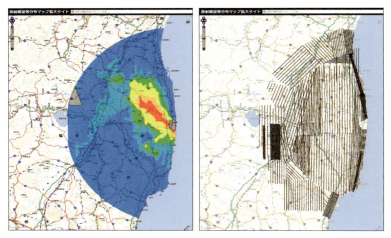

（放射線量等分布マップ拡大サイト / 電子国土より引用）

図4-3 航空機サーベイによって作成された，2011年4月29日現在の80 km圏内の航空機サーベイの結果［左図］とマップ作成時の航空機の飛行経路［右図］。航路の間隔は概ね2 km間隔であるが，一部の地域では200 m程度で測定している。

引用元：放射線量等分布マップ拡大サイト / 地理院地図 http://ramap.jmc.or.jp/map/

測定自体に対する制約も大きい。そのため，航空機の代わりに自動車などの地上の移動体に放射線検出器を搭載して対象地域を移動しながら測定する，いわゆる走行サーベイという手法が生まれた。4章5節に紹介するKURAMA, KURAMA-II（KURAMAとはKyoto University RAdiation MApping systemの略称）もこの走行サーベイシステムの一つである。

　走行サーベイは，前述の歩行サーベイに比べて短時間で広範囲の測定が可能となる一方，航空機サーベイに比べると安価かつ機動的で詳細な測定が可能となる。当初は航空機サーベイで使われる機材を流用する形で開始されたが，近年は走行サーベイに特化したシステムが開発されてきている。ヨーロッパ諸国では，1990年代から紛失した線源の探索やチェルノブイリ原子力発電所4号機事故の影響を評価するための手法として各国で整備が進んだ。1999年には北欧やバルト海沿岸各国からのチームにより，走行サーベイの手法の研究や技術研鑽を目的としたRESUME 99がスウェーデンで開催され，

そこではチェルノブイリ原子力発電所 4 号機事故による汚染分布の広域調査と ^{137}Cs 線源の探索の訓練が実施された[15]。その後も同様の訓練が参加国を広げる形で実施されている。

　我が国の緊急時環境放射線モニタリング指針においても，走行サーベイは機動的なモニタリングを実施する上で重要な手法として規定されている。これを根拠として原子力発電所が立地する県，いわゆる原発立地県では概ね 1～2 台の走行サーベイ可能なモニタリングカーを保有し，緊急時にはこのモニタリングカーによる走行サーベイを行うこととしている。また，チェルノブイリ事故に際し当時の日本原子力研究所が現地での走行サーベイを実施するなどの実績もある[16]。また，国内では通常の放射線管理業務で使うようなサーベイメータを小型 PC，GPS と組み合わせた走行サーベイシステムの製作や試験も報告されている[17][18]。

　走行サーベイで得られたマップの例として，2011 年 6 月に実施された福島県およびその周辺県での KURAMA による測定結果を図 4-4 に示す[19]。走行サーベイの場合，地表を走行しているために地形や当時の気象条件を反映した複雑な分布に敏感に反応すると考えられる。そのため，単純に走行経路の間を補間するのは適切ではないと考えられることから，この測定では経路間の補間を行っていない。

4-3-5　経時的な推移と将来予測

　空間線量率や放射性物質の分布に関するモニタリングに基づいて作成されたマップをもとに，時間的な推移を理解し，将来にわたる空間線量率の推移の予測を行うことができる。このような試みとして，JAEA が文部科学省および事業を継承した原子力規制庁の委託事業として取り組んでいるものがあるので，その成果を紹介する。まず，図 4-5 に 2011 年度の事業で得た 2012 年 3 月時点の走行サーベイによる空間線量率マップ[20] と 2013 年度の事業で得た 2013 年 12 月時点のマップ[21] を示す。比較をすれば容易にわかるように，2012 年 3 月から 2013 年 12 月の 1 年半程の期間に，福島県全域で空間線量率の低減が確認できるほか，茨城県～千葉県に広がっている空間線量率の比較的高い地域も狭くなっていることがわかる。このようにマップを比較する

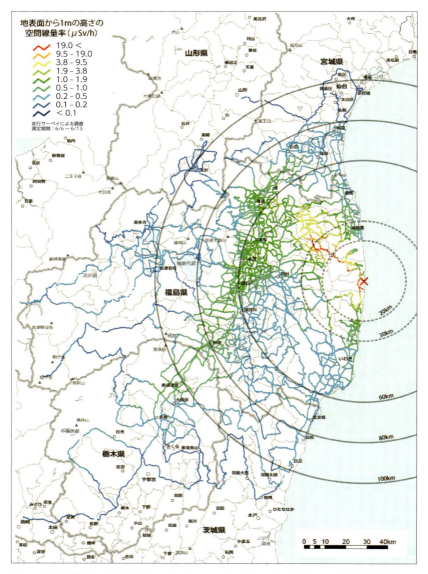

図4-4　KURAMAによる走行サーベイによって作成した地上高1mでの空間線量率マップの例（文科省 2011）

引用元：文部科学省，文部科学省による放射線量等分布マップ（線量測定マップ）の作成について，報道発表，2011年8月2日

ことで容易に空間線量率の分布の変化を把握することができるようになる。また，このようなマップのデータを土地利用形態で分類し，それぞれの環境における空間線量率の変化をパラメータ化し，長期的な変化を予測する試みも行われている[21]。

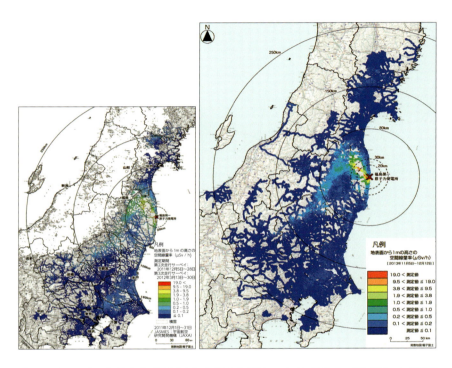

図4-5 2011年12月および2012年3月の走行サーベイからのマップ（左）と2013年12月の走行サーベイマップ（右）。

縮尺を合わせるために地図の大きさを変えている。また，左のマップの日本海側は，積雪の遮蔽効果により線量率が低減してしまうことから測定を実施していない。

左：走行サーベイによる道路上の空間線量率マップ（全体版） 原子力規制委員会 走行サーベイによる連続的な空間線量率の測定結果（平成24年3月時点）について
http://radioactivity.nsr.go.jp/ja/contents/7000/6211/24/211_0912.pdf

右：放射性物質の分布状況等調査による走行サーベイ（KURAMA） 第7次 http://emdb.jaea.go.jp/emdb/portals/b131/

4-4 環境モニタリングシステムとその問題点

前節で述べたように環境モニタリングの方法は多様であり，平常時の環境における放射線量のレベルの監視，緊急時には避難や対策の立案などのために適切な方法を選択して実施することになる．本節では，事故前における環境モニタリングの体制と事故後の実際の環境モニタリングの状況についてまとめるとともに，その問題点について考察し，今後の改善方策について述べる．

4-4-1 事故前に策定されていたモニタリング体制

中央防災会議が作成した「防災基本計画」により，原子力災害時のモニタリングの主体が地方公共団体であること，また，文部科学省，事業者，放射線医学総合研究所，JAEA 等は地方公共団体が行う緊急時モニタリングを機材や人材の面から支援することとされていた．また，政府の「原子力災害対策マニュアル」には，原子力緊急事態が宣言された後，国の原子力災害現地対策本部が，モニタリングデータの収集および整理を行い，そのデータに基づいて避難や飲食物摂取制限等に関する区域の設定等を行うこととなっていた．さらに現地対策本部で集約したモニタリングデータが経産省を経由して内閣官房，原子力安全委員会，その他指定された行政機関等に送付されることになっていた．原子力事業者は，特定事象発生の通報を確実に行うため，事業所ごとに敷地境界モニタリングポスト，可搬式測定器，排気筒モニタリングポスト等の必要な測定用資機材を整備・維持するとともに，事故発生時には敷地境界におけるモニタリングを継続し，現地対策本部にモニタリング結果を報告することとしていた．

福島県では「福島県地域防災計画」等に基づき，平常時からモニタリングを実施していた．オフサイトセンター（後述）に隣接する福島県原子力センターでは，県内の 24 箇所に設置されたモニタリングポストからのデータを集約し，原子力発電所周辺地域等の放射線量を常時監視していた．また，同センターをはじめとする県の関係機関は合計 12 台のモニタリングカーを保有していた．さらに原子力センターには土壌分析のための 4 台のゲルマニウ

ム半導体検出器や 12 台の NaI シンチレーション検出器，その他の測定器材等を置いていた。なお，ここでいうモニタリングカーは，モニタリング活動に従事することが予定されている車という意味であり，必ずしも環境放射線測定車「あおぞら号」のように，走行サーベイや環境放射線の精密測定，土壌試料を分析できるような高度な計測機器を搭載しているものを意味しないので注意が必要である。

東京電力も「防災業務計画」を定めており，福島第一原子力発電所には，モニタリング機材としてモニタリングポスト 8 箇所，排気筒モニター 14 台，放水口モニター 6 台等を設置，モニタリングカー 1 台を保有しており，東電福島第一原発で事故が発生した場合，発電所免震重要棟内の緊急時対策室に設置する緊急時対策本部の保安班がモニタリング活動に当たることとなっていた。

国は福島第一原子力発電所が立地している大熊町にオフサイトセンターを設置していた。緊急時には現地対策本部および福島県，地元市町村，警察，消防，東京電力等からなる原子力災害合同対策協議会も設置されることになっていた。このオフサイトセンターで国の現地対策本部が集約したモニタリングデータは，現地対策本部の放射線班により緊急時モニタリングに関する記者発表資料の形にまとめられ，同本部広報班が，同本部総括班や原子力災害対策本部事務局，地方公共団体の災害対策本部の広報グループと連絡・調整を行いながら，記者発表や記者からの問合せに対応することになっていた。また，東京電力においては，各発電所内のモニタリングポストや排気筒モニター等のデータを自動的に同社の web ページに掲載するようになっていた。

また，緊急時におけるモニタリングの具体的な方法は原子力安全委員会により「環境放射線モニタリング指針」として定められていた。対応はこの指針に基づいて実施されることとなる。この指針では事故直後に速やかに行うモニタリングを第 1 段階モニタリングと規定し，その時に測定すべき地点や項目を定めている。測定地点については，気象条件，SPEEDI ネットワークシステムによる予測結果等を考慮し，空間放射線量率や大気中の放射性物質の濃度が最大となると予測される地点，風下軸を中心とした約 60° の範囲において大気中の放射性物質の最大濃度の出現予測地点を通り，風下軸と直交

する線上の地点，および，風下方向の人口密集地帯，集落，退避施設等から選んだ数や地点について，モニタリング測定することとされていた。同時に，車両を利用して走行しながら空間放射線量率を連続測定した結果や適切な場所に車両を一定期間停車させて連続測定した結果は，空間放射線量率の分布を知る上で有効となるともされていた。

4-4-2 福島第一原子力発電所事故での環境モニタリング

　事故直後（概ね 2011 年 3 月末まで）における放射線モニタリングの状況について，政府事故調の報告書を参考に空間線量率の測定を中心に振り返る。3 月 11 日午後 3 時 42 分に原子力災害対策特別措置法第 10 条第 1 項の規定に基づく特定事象，午後 4 時 36 分に原子力災害対策特別措置法第 15 条第 1 項の規定に基づく特定事象の発生が報告され，3 月 12 日午後の 1 号機ベントと水素爆発というように事象が進展していったが，これらの事象進展とともに各所でモニタリングに関する活動が行われた。

　まず東京電力のモニタリングについてまとめる。3 月 11 日の地震と津波の発生にともない全交流電源が喪失したことによって，東京電力の敷地境界のモニタリングポストや排気筒のモニタが運用できない状態となった。そのため，同日夕刻より敷地内でのモニタリングカーによるモニタリング活動，排気筒や放水口でのサンプリングが開始された。午後 7 時の東京電力の記者発表でもモニタリングカーによる測定が行われていたことが報告されている。モニタリングカーによるモニタリング活動では，敷地内の定点すなわち図 4-6 に示した既設モニタリングポスト設置箇所と正門，西門および事務棟本館南側を巡回し，γ 線と中性子線の線量測定を当初より，途中から風向風速データの収集を追加している。その後，事故の進展とともにモニタリングカーで巡回可能な地点が増減しつつも測定を継続，3 月 27 日には正門，西門，事務棟本館南側に仮設モニタリングポストが設置された。また，モニタリングカーにより代替されていた既設モニタリングポストは，順次仮設電源が供給され，3 月下旬に復旧し，4 月 2 日よりデータの公表を再開している。これらのモニタリングポストの稼働に伴い，モニタリングカーはモニタリングポストの補完として使用された。このように，東京電力のモニタリングは定

第 4 章　環境放射線の監視と管理

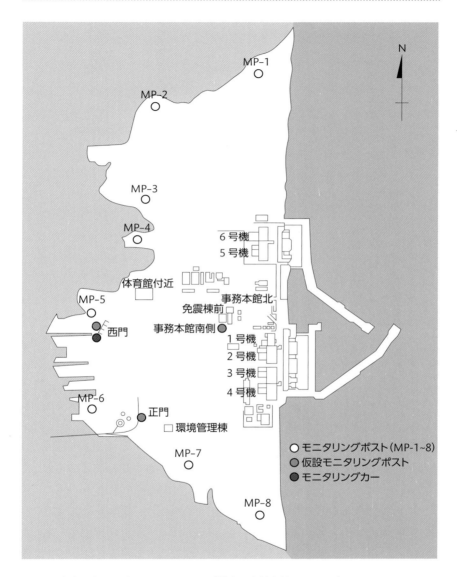

図4-6　東京電力の設定したモニタリング地点。事故直後から，図中 MP-1 〜 MP-8 の既
　　　設モニタリングポスト（事故時電源喪失で停止）と仮設モニタリングポスト（3
　　　月下旬に実際に設置）の地点をモニタリングカーが巡回しモニタリングしていた。
東京電力ホールディングス ホームページ
http://www.tepco.co.jp/nu/fukushima-np/f1/images/f1_lmap-j.gif

点観測が中心であり，モニタリングカーも定点の巡回測定を実施している状態であった．

　次に福島第一原子力発電所周辺での福島県のモニタリング活動についてまとめる．まず福島県が設置していたモニタリングポスト 24 基のうち 23 基が，津波の被害，電源の喪失，通信回線の途絶などにより使用できなくなった．3 月 11 日夜には福島県が関係機関にモニタリング要員の招集を行った．この招集で集まった要員とモニタリングカーが原子力センターに派遣され，翌 3 月 12 日朝よりモニタリング活動を開始した．しかし，地震による道路の被災や燃料の不足で測定は進まず，さらに 12 日午後の 1 号機の水素爆発により空間線量率が上昇したことから，12 日 21 時に一部の要員を除き解散している．その後文科省からのモニタリングカーが 13 日昼前に到着，以降，県の原子力センターと国のオフサイトセンターが連携して空間線量率の測定，大気浮遊塵，環境試料および土壌の採取等を実施した．しかし，地震による道路の被災や燃料の不足で測定が進まなかった．さらにオフサイトセンター自身も電源の喪失から利用可能な通信回線は衛星回線のみとなり，各地からの情報を集約して発信するという機能を喪失しつつあった．3 月 15 日予備電力の喪失や放射性物質の放出に伴い，オフサイトセンター機能を福島県庁へ移すこととなった．その際に燃料切れで動けなくなったモニタリングカーは現地に置き去りにせざるを得ず，さらに多くのモニタリング機材も運び出しが断念された．15 日以降は 20 km 以遠の人口密集地帯を中心とした調査を行うようになった．

　また，福島県では事故直後より県内全域の継続的な空間線量率モニタリングを実施している．3 月 11 日の時点より主に可搬型モニタリングポストにより，県北（福島市），県中（郡山市），県南（白河市），会津（会津若松市），南会津（南会津町），相双（南相馬市），いわき（いわき市平）の県内 7 方面の毎時のモニタリングが，また 3 月 17 日からは，県内の各市町村ごとの代表点について 1 日 2 回程度県職員が巡回してのサーベイメータによる空間線量率の測定が行われている．

　文科省は 3 月 11 日の事故発生時にオフサイトセンターへのモニタリングカーの派遣を決定した．しかし当時は派遣要員の安全確保の問題もあり，実

際の現地入りは 13 日昼前になっている。その後先に述べた県の原子力センターと連携してのモニタリング活動を開始している。3 月 15 日には現地対策本部を福島県庁に移してモニタリング活動を継続している。この時以降，20 km 以遠の広域の線量傾向の把握や，高い線量が測定された地域のモニタリングを重点的に行うようになり，20 km 圏内のモニタリングは行われなくなった。また，航空機モニタリングの検討を 3 月 12 日頃から開始していたが，3 月 25 日，「文部科学省航空機モニタリング行動計画」を発表，JAXA の協力で福島第一原子力発電所から 30 km 以遠の上空の空間線量率の測定を実施した。自衛隊機によるダストサンプリング等も開始している。一方，米国エネルギー省は独自に 3 月 17 日以降，航空機サーベイやダストサンプリングを実施しており，その後文科省がデータの提供や合同調査を要請，4 月からは合同で航空機サーベイが開始されている。

4-4-3　何が問題だったのか

　東日本大震災は未曾有の大災害である。電気，通信，交通，燃料といった基本的なインフラや資材の供給が寸断された中での原子力災害への対応であっただけに，事前に計画されていた通りの行動をとろうにもとることができなかった状況だったことは容易に想定される。そのなかで奮闘された現地の関係者の方々の困難は想像に余りある。しかし，原子力災害への対応はそのような場合であっても行われなければならないのであって，問題点を明らかにし，その原因と対策について十分に精査・検討しておく必要がある。

　事故当時は原子力安全委員会策定の「環境放射線モニタリング指針」[23] が有効であり，緊急時対応はこの指針に基づいて実施されることとなっていた。前述のように，この指針では事故直後に速やかに行うモニタリングを第 1 段階モニタリングと規定し，測定地点や測定項目を定めている。ここから読み取れることは，モニタリング前に的確な予測が手元にあることがすべての前提となっていることである。測定地点については，気象条件や SPEEDI ネットワークシステムによる予測結果等を参照して，最大空間放射線量率や大気中の放射性物質の最大濃度が予測される場所をあらかじめ推測しておくことと，風下軸を中心とした約 60°の範囲で大気中の放射性物質の最大濃度の

出現予測地点を予測することが求められる。そのために，放出源情報をもとに分布推定を行うSPEEDIの計算結果や既設のモニタリングポストの測定データが活用されるはずであった。

　しかし，先に紹介した事故当時の状況を考えると，このようなモニタリングが成立するとは考えにくい。まず，電力の供給や通信回線が途絶，道路等が寸断されており，測定地点を決定するのに必要となるSPEEDIも放出源情報がないため仮定での計算しか行えなかった。さらにSPEEDIのデータも本来使用されるべき専用回線が途絶しており，ファクシミリやメールでの送信が行われていた。このように，現地では指針の定めるモニタリング計画を立てるために必要な情報が十分得られる状況ではなかった。また，指針では風下軸を中心に……という指示が出されているが，当時は数時間ごとに風向きが変わる状況であった。そもそもこのように風向が頻繁に変わる状況で，風向が変わるたびに指針通りに測定点を決定し，決定した測定点に赴いて測定すること自体が困難である。そのような状況にもかかわらず，原子力安全委員会を含め関係機関は，依然として決められた測定点で正確に測定条件を再現して正確な測定値を繰り返し得ることに重点を置き，大局的な状況を迅速に把握することを考慮していなかったようにみえる。たとえば，文部科学省が3月17日に提出した「福島第一原子力発電所の20 km以遠のモニタリング結果について」に対し，原子力安全委員会は評価には不十分として「測定点を適切に決め，緯度経度を示すこと」「同一地点で継続して測ること」「検出器やモニタリングカーの除染をすること」「機関同士で検出器の校正をすること」という指示を出している。17日においても依然として点によるモニタリングを継続的に実施するという方針に基づいた指示をしており，大局的な空間線量率の分布についての観点が抜けているように見える。さらに，2011年3月21日に出された文部科学省の走行サーベイの方針も「放射性物質の濃度の高い地域を推定し，より広域の空間線量率の測定が可能な走行サーベイを行い，欠落している地域を補完する」としている。しかし，文部科学省はこの方針発表の時点において航空機サーベイが開始できておらず，独立して航空機サーベイを実施していた米国エネルギー省にデータの公開を要請している状態であった。このことは，指示の中にある放射性物質の濃度の

高い地域を推定するのに必要な情報について，国内機関では収集できていない状況であったことを示している。

さらに，全ての中枢的機能がオフサイトセンターに物理的に集約され，オフサイトセンターが健全に機能する前提で対策が計画立案されていたことも問題であった。原子力緊急事態が発生した場合，国の原子力災害現地対策本部，都道府県および市町村の現地災害対策本部は，原子力緊急事態に関する情報を交換し，それぞれが実施する緊急事態応急対策について相互に協力するため，現地のオフサイトセンターに原子力災害合同対策協議会を組織することになっていた。しかし，道路は震災でモニタリング活動に支障が出るほどひどく損傷しており，オフサイトセンターも通常の電力供給や通信回線を喪失，自家発電による予備電力と衛星回線による通信しか保持できなかった。このような状況で現地のオフサイトセンターに対策協議会を設置できるとは考えにくい。さらに事態の進展に伴い，原発に近接したオフサイトセンターは活動を停止，撤退せざるをえず，あえてオフサイトセンターに集結することで，迅速な意思決定や行動に支障が出ていたと言える。また，測定データは原子力センターのデータ処理システムによって初めて可視化されるものであったため，原子力センターが機能しなくなった時点で文部科学省や県から公表される測定結果はほとんどが数字の羅列になっており，実際の汚染の状況をわかりやすく示しているとはとても言えない状態であった。

このような場合，指針の指示に関わらず可能な限り広範囲で迅速な測定を行い，その結果を SPEEDI の予測マップの代替として活用すべきであったが，そのような広域を対象として迅速に測定可能な装備がなかったのである。走行サーベイが実施できるようなモニタリングカーの場合，高価で台数が限られていて（福島県が所有するのは環境放射線測定車「あおぞら号」1台），さらに環境放射能分析用の機材などが多数積まれ車重が大きいため，燃費も悪く，一回の給油で走行できる距離も短いことから，震災で被害を受けた道路を広範囲で走破することは不可能であった。事実，文科省の派遣したモニタリングカーを含め，現地での測定活動は困難を極めていたことが政府の事故報告書にも記述されている。

このように，あらかじめ想定していた事故時の事象に最適化された計画が

立案され，それに対応した装備や体制が準備されていたため，想定と異なった状況に陥って計画の前提となる事柄が一つでも欠けてしまうと，体制全体が崩れ去ってしまうものであったことが最大の問題であったと考えられる。つまり，一言でいえば柔軟性・汎用性に欠けていたとも言えよう。

4-5　KURAMA の開発

京都大学原子炉実験所は福島原発事故の発生後，各方面からの問い合わせや支援要請にこたえるとともに，実験所としては大学本部を経由して要請のあった避難所における放射能汚染のスクリーニング要員の派遣を行った。詳細は 224 頁のコラム⑫（「京都大学から福島原発事故に関連して行われた職員の派遣」）を参照いただきたい。このような活動の中で，マンパワーとしての支援・協力もさることながら，この分野の研究者が揃っている実験所として何かその特性を活かした貢献ができないか検討していたところ，避難や今後の対策策定の基礎となる環境モニタリングが進んでいないことを知り，これに寄与する装置の開発を始めた。これは，現地への派遣者が帰所するごとに報告会を行い，次回・次々回の派遣者への引継ぎや情報共有を行うとともに，実験所としてどのような活動をすることが有効な支援につながるかを真剣に討議した中から生まれてきたものである。そして取り扱いが容易で，かつ効率的，高精度なモニタリングシステムを開発するという目標が設定され，実験所の若手の研究者がその知識や経験，そして徹夜の作業を通して，わずか 10 日ほどで，試験機の完成にこぎつけたのである。本節では，自動車に積載して空間線量率を測定する，いわゆる KURAMA システムの開発の経緯，装置の概要と変遷，実際の利用例，他の装置との比較，今後の開発目標や原子力安全への寄与などについて述べる。

4-5-1　開発の経緯

平常時ならびに緊急時の環境モニタリングの問題は原子炉実験所の放射線安全管理工学研究分野を中心に，放射線管理部，原子炉安全委員会等でも関心を持っていたテーマであった。それは，研究用原子炉，KUR（Kyoto

第4章　環境放射線の監視と管理

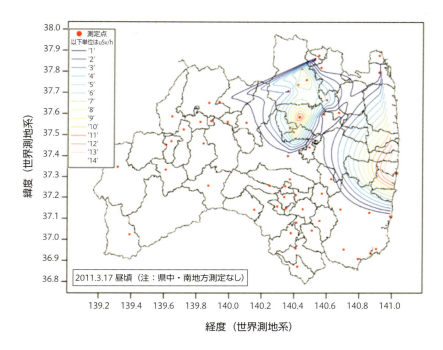

図4-7　事故直後に実験所で作られていた空間線量率の等高線図の例。当時はデータの欠測も多く，不完全ではあったが，同心円状の区域設定では不適切であることが明らかであった。

University research Reactor）の安全管理や防災にも直接かかわることであった。しかしながら，事故時の関係機関等の対応を側面から見ることとなり，また，実際に多くの教職員を放射能汚染スクリーニング要員として派遣しその実際の経験や見聞を聞くこととなり，環境放射線モニタリング体制の問題点を実験所の所員一同が改めて認識することとなったのである。

　当時の原子炉実験所では，実験所内の各分野から招集され編成された事故対応チームが活動していた。その中で福島県の公表する県内各市町村の代表点での測定値から空間線量率の等高線図（図4-7）を作成したことから，事故により発生している放射性物質による汚染が原子力発電所から同心円状ではない上に，30 km圏を越えて広がっていること，また広域での汚染分布が

151

十分に把握できていない状況であることが認識されていた。また，この対応チームからはスクリーニング活動の支援のため職員が派遣されていたが，派遣された職員は，福島市と県内各地のスクリーニング会場の往復の際，距離標や走行距離計で1 kmごとに車内での空間線量率を記録するという人力の走行サーベイを実施していた。この結果と等高線図を比較すると等高線図の分解能ではとても表せないような，局所的な変動が大きいことがわかったのである。これらを踏まえ，一刻も早く全県レベルでの分解能の高い空間線量マップを作成するべきとの議論がなされた。このマップ作成には走行サーベイが有効なのだが，福島県の場合，走行サーベイが可能な唯一の環境放射線測定車である「あおぞら号」が放射性物質の放出の際に汚染されてしまい，正しい空間線量率を測定できなくなっていた。さらにあおぞら号からのデータを処理するデータセンターも大熊町の原子力センターにあり，すでに稼働が不可能となっていた。前述したように，「あおぞら号」は多くの装備を搭載して重量が著しく大きくなっており，震災で被災した道路での走行は困難を極めていた。また重量の増加による燃費の悪さから頻繁な給油も必要で，県全域での連続的な走行サーベイは事実上不可能であった。これは他県から応援に来ていたモニタリングカーでも同じであり，様々なモニタリング機器等を搭載しているため高速道路の走行でも十分に速度が出せない上に，データの回収を拠点で実施する必要があることから，測定に向かえる範囲が著しく制限されていたのである。

　このように，県内の空間線量率分布すら詳細に把握できていない現状を考えれば，高度な環境モニタリング（γ線空間線量率，中性子線量，大気浮遊じん中の放射能濃度，気象観測など）を諦め，広域の空間線量率を詳細に調査すると割り切ってもよいという考えに至った。そう考えた場合，空間線量率とその測定位置，日時をリアルタイムで測定，データを回収できるシステムを作り，これをできるだけ多くの移動体に配備して一斉に測定すればよい。このようなシステムであればサーベイメータ，PC，GPS，モバイル回線でコンパクトに構成することが可能であり，従来の環境放射線測定車に比べ燃費も機動性も良いレンタカーやタクシーに十分装備できる大きさになる。このような構想が4月6日の実験所関係者の休憩時間に持ち上がり，休憩を終

えるころには「だったら自分たちで作ってしまえばよい」ということで，直ちに準備が始まった．所内の了解を取り付け若手研究者・技術職員で製作を開始したのが4月7日，2週間後には熊取町内でテスト走行し初稼働に成功した．そして1号機を原子炉の福島スクリーニング班に託し，4月23日から約1週間現地試験を実施，線量分布をしっかりと捉えられることを確認したのち4月末に福島県へ提案，5月の連休中に県から試験運用の承諾を頂いたのである．

4-5-2　KURAMAの構成

　KURAMAは移動しながら連続して空間線量を計測して迅速に線量分布地図を作るためのシステムである．先に述べた走行サーベイを実現するシステムである．従来の走行サーベイは，たとえばウラン採掘場周辺の空間線量率分布や紛失線源の探索など，比較的限局された領域での高精度の測定が主となるため，大型のシンチレーション検出器やGe検出器を搭載した少数の測定車で実施されてきた．そのため，積極的に多数の測定車を同時に運用することは想定されていなかった．先に挙げた北欧を中心とした走行サーベイの技術研鑽を目的としたRESUMEも，紛失線源の探索が主要なテーマとなっており，チェルノブイリ事故の影響調査も迅速性を求めるものではなかった．福島県の環境放射線測定車の「あおぞら号」の場合も同様で，先に述べたようなあらかじめ予測した地点周辺での測定を想定しており，連続的な走行中の測定のための走行性能や多数の測定車での一斉測定といったことを想定していない．これに対し，KURAMA/ KURAMA-IIでは，従来の走行サーベイ車のような精密測定よりも，迅速かつ広範囲に測定を実施できることを目指している．そのため，放射線検出器として一般的なサーベイメータ程度の精度の検出器を使用し，これを搭載した多数の測定車を同時に運用できるように設計されている．これにより，検出器まわりを中心に車載機は小型軽量化できる一方，従来の走行サーベイシステムであまり注意を払われなかったネットワーク化やリアルタイム性，スケーラビリティ（調査規模の拡大にも対応できる能力）の確保が課題となる．

　KURAMAのシステムの構成を図4-8に示す．KURAMAはネットワーク

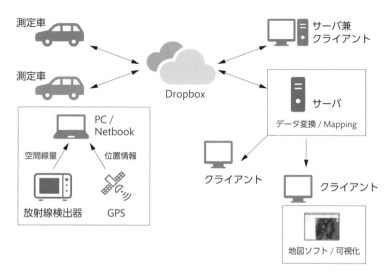

図4-8 KURAMAのシステム構成図。測定車のデータがDropboxで共有される。Dropboxは接続するPCの数に制限がないため,インターネットに接続できさえすれば測定車やサーバを自在に増やす事ができる。

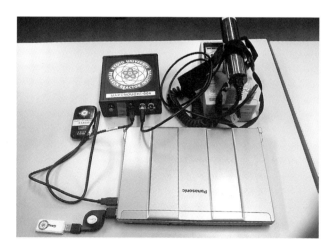

図4-9 KURAMA車載機の構成図。周辺線量率当量を測定できるサーベイメータを使用し,インターフェースボックス(MAKUNOUCHI)やPC,GPS,3Gモバイルルータから構成されている。

ベースのシステムであり，自動車などに搭載され移動しながら空間線量率を測定する車載機と，車載機が測定したデータを保存したり可視化のための処理等を行うサーバがネットワークで結ばれている。車載機は空間線量率を測定するサーベイメータ，サーベイメータの出力を PC 用に変換するインターフェースボックス（MAKUNOUCHI と呼んでいる），位置測定のための GPS，データを処理してネットワーク上で共有するための PC，移動中のネットワークを提供する 3G モバイルルータから構成されている（図 4-9）。空間線量率は市販の空間線量測定用サーベイメータで測定することとし，通常日立アロカ社の TCS-172B などの周辺線量当量 H*(10) が測定可能なサーベイメータを使用している。サーベイメータからの線量率情報は MAKUNOUCHI によりアナログ・デジタル変換され PC へ送り込まれる。PC では 3 秒ごとに通常の GPS 測位を行い，さらにその測位タイミングの前後 1.5 秒の線量率の平均値を求めてその地点の線量率とし，これを測位情報とともにテキストファイルに記録する。^{137}Cs の 662 keV の γ 線の空気中の平均自由行程は 100 m 程度であること，自動車の平均的な走行速度 40〜60 km/h ＝ 11〜17 m/s であることから，3 秒間隔で測定することにより，測定点ごとの測定範囲が重なりを持ち，結果として経路上の連続的な測定が実現されている。ただし，この測定間隔は設定で自由に変更できるようになっている。プログラミングは National Instruments 社の LabVIEW を用いて行った。LabVIEW は機器制御や計測を主な対象とした親しみやすいグラフィック・ユーザー・インターフェースを使った（GUI ベースの）開発環境である。Windows，Mac，Linux をサポートし，特にプログラミングの知識のない人でも容易に開発できる間口の広さと，測定器 1 台の計測作業から大型の加速器施設や NASA の大規模な宇宙計画までを同じ環境でサポートするスケーラビリティも大きな特徴である。

　車載機が測定したデータを蓄積したり，可視化を含めた様々な処理を行う PC をサーバと呼んでいる。当時の KURAMA では，測定現場でリアルタイムかつ容易な状況把握を実現する事を重視し，Google Earth のような地理情報（GIS）ソフトを使って地図上に線量を表示することが大きな目的となっていた。そこでサーバには Google Earth などの GIS ソフトからのリクエス

トに応じて動的にKMLファイルを生成する機能をもたせている。しかし，サーバとして最低限実装すべき機能はクラウドサービスの一種であるDropboxによる測定車とのデータ共有であり，共有したデータをどのように活用するかは運用者の考え方次第である。さらに，Dropboxを導入したことで，KURAMAの重要な特徴であるデータ配信で特定のハブを持たないという利点が生まれている。測定データはDropboxで共有されているが，Dropboxは共有しているファイルやフォルダの同期を多数のPCの間で迅速（概ね数十秒程度以内）に取ることができるため，インターネットに接続できる場所でさえあれば，好きな場所に好きなだけデータの同期の取れたサーバを置くことができる。たとえば，福島の測定現場，福島県庁と京大原子炉の各地でそれぞれサーバを持ち，各々がリアルタイムでデータを可視化したり解析するといったことがごく自然にできる。また過去のデータもDropbox上で保持しており，必要に応じてKML形式ないしテキスト形式でデータを読み出すことができる。これらDropbox上で共有されているデータについては，Dropboxに接続したバックアップ用のサーバにより定時バックアップを取っておくことができる。たとえば，我々が運用するKURAMA/KURAMA-IIの場合，複数あるサーバのうちの1台であるMac Proがバックアップを担当しており，Mac OS Xの持つTime Machine機能を使いDropboxフォルダを1時間ごとにバックアップし，さらに，rubyで作成したスクリプトによって1日1回の定時バックアップを実施している。

　サーバにアクセスしてデータを閲覧するためのPCをクライアントと呼んでいるが，実際はGoogle EarthがインストールされているふつうのPCである。Google Earthはサーバへのアクセス方法を定義したKMLファイルにしたがってサーバへアクセスし，動的に生成されるKMLファイルを受け取って表示する。このようにサーバ‒クライアント方式を採用することで，データを共有していないPCからでも特段の設定なしに測定状況の監視ができる。さらにサーバ機能自体も現地でのリアルタイム可視化程度であれば，Dropboxと動的KMLファイル生成のためのphpとwebサーバ程度でほとんどマシンパワーを要求しない。そこで，サーバとクライアントを同居させ，ポータブル「測定本部」として持ち運ぶこともできる。筆者自身，自分の常時持ち

第4章 環境放射線の監視と管理

図4-10 福島県原子力センターで運用中のサーバ兼クライアント。筆者の携帯するMacBook Proにインストールされ，モバイルルータ経由でインターネットに接続し，DropboxでKURAMAのデータを共有している。

歩いているMacBook Proにサーバとクライアントを構築しており，しばしば移動先で測定状況をリアルタイムで監視したりデータの解析を行っている（図4-10）。場合によってはモバイルルータ経由で新幹線から，あるいは現地での試験測定車両内でサーバを運用し，リアルタイム表示だけでなく様々な汎用解析環境（筆者は主にIgor Proを利用している）でより高度な解析を行うことも可能である。つまり，仮に原子力センターやオフサイトセンターが撤退することになり，KURAMAのサーバを現地に残していくこととなったとしても，最低ネットに繋がったDropboxインストール済みのパソコンが1台あれば，再びリアルタイムで測定データを取得できることになり，追加の汎用的なソフトをインストールすることでデータ処理も可能となり，モニタリング活動を直ちに再開できることになる。

このように，事故後のモニタリングで欠けていた，広域の状況の迅速な把握と想定外事象での機能停止の回避という問題を，簡便なシステムの大量配備と配備した機材をクラウドで結ぶということで解決している点が

KURAMA の重要な点である。

4-5-3 KURAMA の運用

はじめに KURAMA を実際に運用するうえでのコンセプトについて紹介する。まず，KURAMA で具体的に何を測るべきかについてだが，道路中央付近の地上高 1 m の空間線量率を測定することとした。道路中央としたのは，地表や周囲の状態の違いを排除し，可能な限り同じ条件で測定するためである。地上高 1 m に選定しているのは，人体の中でも放射線感受性の高い小腸などの臓器の高さであること，また文科省の空間線量率測定との互換性も考慮したためである。機材は当初の計画通り容易に調達できるセダン型の普通乗用車へ設置されるが，車外の地上高 1 m 位置に検出器を設置することは困難である。検出器の汚染の可能性や走行サーベイ中の直射日光や降雨等の過酷な環境から検出器を保護しなければならないという厄介な問題が発生する。そこで，車内に設置して測定した値を道路中央付近の地上高 1 m の空間線量率に換算することとした。放射線検出部はセンターライン側の後部座席ドア上にあるグリップに取り付けることとし，実測による車内と車外の補正係数の決定を行った。2011 年 6 月の文科省実施の走行サーベイの際，車の周囲 10 m 程度が平坦な場所を選び，その場所でサーベイメータによる地上高 1 m の空間線量率と車に取り付けた KURAMA-II による空間線量率の測定を行った。この結果，セダン型の乗用車であれば，広い空間線量率の範囲で「車外の高さ 1 m 空間線量率＝車内の空間線量率の 1.3 倍」という関係が成り立つことが確認できた。また，KURAMA と周辺の線量率の相関についての確認も行った。2011 年 4 月に行われた福島県内の学校等の校庭の空間線量率調査の結果と 2011 年 5 月にこれらの周辺で測定した KURAMA の測定値には高い相関があることがわかり，KURAMA の測定結果が走行経路上だけでなく周辺の線量率の推定にも有効であることがわかった。

通常の測定では KURAMA を取り付けた測定車が数台〜数十台程度同時に各地を測定する。各車ごとにある程度の担当区域を設定して測定車に実際の走行経路の判断を任せ，リアルタイムに Google Earth に表示される測定

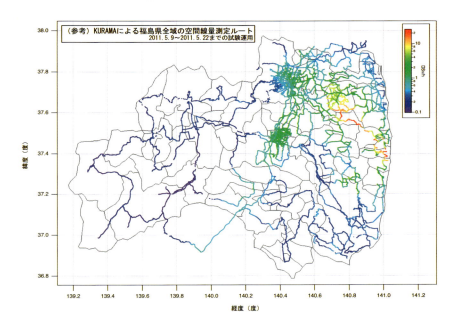

図4-11 2011年5月の試験走行で得られたKURAMAによる福島県内の空間線量率マップ。

状況を見ながら，分布状況をより推定しやすくするよう必要に応じて測定車へ測定範囲や経路の指示を出す．通常携帯電話による指示であるが，KURAMA 自体が携帯のデータ回線を利用して一般のインターネットに接続しているため，車載機側のノートPCにインスタントメッセンジャーをインストールして活用することも可能であろう．

次に，実際の福島県におけるKURAMAの利用状況を見ていく．KURAMAは2011年4月はじめに開発を開始し，部材手配などの期間を除くと実質1週間で開発を終えた．ゴールデンウィーク明けには福島県原子力センターの方々と一緒に福島県内2万km弱を走破する試験運用を実施し，その有効性を確認した（図4-11）．当時，航空機サーベイは80 km圏内の調査が終わったところであり，その意味では初めて全県規模で得られた詳細な空間線量率マップである．福島第一原子力発電所より北西方向に伸びる特徴

的な高線量地帯や，中通り地区の線量率上昇が栃木県方向にも伸びている可能性が高いこと，また会津では顕著な汚染が見られなかったことが明らかになった。この実績をもとに福島県はKURAMAの採用を決定した[24]。さらに文部科学省の調査へのKURAMAの採用も決まり，福島県内および東日本の広域走行サーベイで活用されることとなった。

　福島県では20台の車載機を使った走行サーベイ班が組織され，各市町村と協力して綿密な空間線量率マップの作成が行われた。特に児童や生徒の被曝が問題となる通学路等では，福島県独自のアイディアでKURAMAを手押し車に搭載し，徒歩による徹底したサーベイも行われた。このようなKURAMAによるサーベイで高線量が確認された場合，さらに精密な調査を行い必要な措置が行われたのである。なお，KURAMAで測定された結果は福島県のWebページ[25]で公開され，データはKMLファイルとしてダウンロード可能である。

　KURAMAは文部科学省非常災害対策センター（EOC）の放射線量等分布マップ作成でも活用された。2011年6月6日〜6月14日の土壌採取事業と並行してKURAMAによる走行サーベイも実施された。この際の測定範囲は，先の京大・福島県の試験運用で明らかになった栃木県に伸びる比較的空間線量率の高い地域を意識して設定された。航空機サーベイと同様の傾向でありながら，局所的な線量の高低を捉えることに成功している。その結果は同年8月2日に文省から公開されたあと，航空機サーベイや土壌測定の結果と併せて放射線量等分布マップとして公開されている[26]。また緊急時避難準備区域の解除に向けた詳細調査にも活用されている。さらに東京電力にもKURAMAの技術供与が行われ，これをもとに開発した走行サーベイシステムにより，福島第一原子力発電所周辺および帰宅困難区域を中心としたモニタリング活動が継続している。

4-6　新たな挑戦：KURAMA-IIの開発と利用

　KURAMAは事故後の環境放射線サーベイに一定の貢献をするとともに，緊急時の対応において何が必要かを具体的に我々に示した。原子炉実験所は，

KURAMA の利用に関して，現地に教員を派遣するなどして支援を行うとともに，学会や研究会，その他の様々な集会でその特性を PR することで利用の促進を図ってきた。また，原子力安全に関して貢献するために原子力安全基盤科学プロジェクトが実験所内で発足し，安全に関わる様々な議論がなされる中で，環境放射線安全管理はどうあるべきか，また，そのためのモニタリング体制はどう改善されるべきであるか，多方面からの議論と検討がなされてきた。その様な過程で，あるべき環境放射線モニタリングを担う装置として，さらに，福島の今後の復興に必要なモニタリングに寄与する装置として KURAMA-II の開発が企画され，実施されてきたのである。その成果である KURAMA-II は単なる KURAMA の改良型ではなく，我々が原子力の安全基盤の一つである環境放射能モニタリングというもののあり方を装置として具現化したものである。ここでは，そのような意図をもって開発されてきた KURAMA-II を紹介する。

4-6-1　KURAMA-II の狙い

　事故直後の環境放射能モニタリングには緊急時としての即応性が重視されていた。しかし，事態の安定化が進んで復興を進める段階となると，特に人々の活動に密着した生活圏において，長期にわたる空間線量率の推移を継続的かつ綿密に監視する体制を構築し，日常的な活動の安全・安心を確認する方向へ移行する必要がある。この目的のため国により 3000 台以上のモニタリングポストが設置されているが，福島県の面積から考えれば 4 km^2 に 1 台の割合でしかない。このように福島県全域を綿密にカバーするためには膨大な数のモニタリングポストが必要となり，その費用や運用の負担が極めて大きくなる。また，走行サーベイを継続するにしても，調査のための専用の人員や測定車を緊急時モニタリング並みの規模で確保し続けることは困難である。

　ここで，考え方を少し変えてみる。生活圏では様々な人々の活動が行われており，生活圏内を人や物が絶えず行き交っていて，これを支えているのは人や貨物の輸送を担う様々な交通機関である。その中でも定時性の高い運行機関は，電車やバスのような公共交通機関，あるいは細かい配送日時指定が行われている貨物を扱う宅配便や郵便，コンビニなどの配送車である。ここ

図4-12　KURAMA-II の車載機。C12137，CompactRIO が 34.5 cm × 17.5 cm × 19.5 cm のツールボックス内に収まっている。

に，仮に小型化・完全自動化した KURAMA があり，これらの定時性の高い移動体に搭載されれば，金銭的，人的コストを抑えつつ住民の活動に密着した形で継続的なモニタリングを実施することが可能となるはずである。これが KUMARA-II 開発の狙いである。

4-6-2　KURAMA-II の構成

上記の観点から，完全自動測定が可能でかつ小型軽量で堅牢な次世代の KURAMA システムが開発され，KUMARA-II と名付けられた。(図 4-12)。

まず，KURAMA で採用していたノート PC をやめ，National Instruments 社の小型組み込み PC である CompactRIO をベースとした。CompactRIO は自動車衝突試験などで使われるなどの高い堅牢性を備えつつ，高速 CPU と Realtime OS である VxWorks を実装しており，ネットワーク機能，Web サーバ，FTP サーバなども追加で実装が可能という特徴を有している。また，拡張スロットに各種計測・制御モジュールの追加が可能であり，将来の拡張性も確保することができる。さらに，CompactRIO は LabVIEW でプログラミングが可能であり，実績のある KURAMA のソフトウェア資産をほぼそのまま流用できたことで効率よく開発をすすめることができた。

KURAMA-II では検出器にこれまでのサーベイメータではなく，浜松ホトニクス社の CsI 検出器 C12137 シリーズを採用したことも，小型化，堅牢化に貢献している。C12137 シリーズは CsI 結晶のシンチレーション光の受光部分に半導体素子である Multi-Pixel Photon Counter（MPPC）を採用している。MPPC は低電圧動作で磁場の影響を受けない小型高感度の光半導体素子で，従来のサーベイメータで必要だった光電子増倍管用高電圧電源が不要となって小型化と信頼性の向上の面で有利である。C12137 シリーズはアナログ・デジタル変換回路（ADC）を内蔵しており，測定した γ 線ごとの波高情報が USB で出力される。このため，単にサーベイメータの空間線量率を記録していた KURAMA と異なり，KURAMA-II では γ 線の波高スペクトルが得られるようになった。先に述べた通り，入射する放射線のエネルギーと個数がわかれば空間線量率を評価することができるが，KURAMA-II ではこの波高スペクトルから G(E) 関数法で周辺線量当量 H*(10) を導出している。G(E) 関数法は，あらかじめ線量換算係数に基づいて算出した G(E) 関数と検出器の波高スペクトルから線量を導出する方法である。G(E) 関数法の詳細および KURAMA-II における G(E) 関数法の適用については，その関数を決定した津田による解説[27]があるのでこちらを参照されたい。さらに，C12137 からの ADC 出力情報に GPS の位置情報を付加したデータを送信する機能も開発を完了しており，すでに一部の KURAMA-II に実装済みである。このデータをデータベースに登録して地理情報などと組み合わせて解析することで，長期的な動向に関する更なる知見が得られると期待される。

　なお，データ送信にあたっては，CompactRIO の採用している VxWorks では Dropbox が利用できないため，新たに RESTful Web Services を使ったファイル転送プロトコルを開発，車載機からのデータを受信するゲートウェイサーバと呼ばれるサーバを介して従来の Dropbox ベースのデータ共有を実現することとした。最近になって National Instruments 社が CompactRIO を標準でサポートしたクラウドベースのデータ共有サービスである Technical Data Cloud（TDC）を発表している。現状の KURAMA-II のシステムをそのまま TDC ベースに移行することで，ゲートウェイサーバを介することなくデータ共有が可能となる。

図4-13 路線バス車内に設置された KURAMA-II。通常センターライン側の車内後方部に設置される。

4-6-3 KURAMA-II の現在までの運用

　KURAMA-II は生活圏内を移動する移動体への搭載を念頭において開発された。2011 年 9 月に上記の作動原理を検証するための試験機によるテストを福島で行った後，福島交通の協力により，2011 年 12 月から福島市近郊路線で路線バスによる実証試験を開始した（図4-13）。福島市近郊で行われた 1 年間の実証試験により，ソフトウェアのバグや実運用環境下でのノイズ対策，熱問題対策などを行った。このような実証試験の結果，KURAMA-II 車載機の安定な運用が可能となったため，2012 年 12 月末に KURAMA-II 試作機を 5 台に増やし，実証試験の対象範囲を福島県の主要地域（福島市，郡山市，いわき市，会津若松市の各市とその近郊）に広げた。現在も運用に関する知見の蓄積や新しい技術の試験の目的もあり，広域での継続的な監視体制の運用を継続中である。

　長期的な運用においては機器の健全性の確認は重要である。特にシンチレーション検出器を長期連用する場合，様々な劣化や不具合の影響が明瞭に現れるのはエネルギーのずれであり，我々が採用する G(E) 関数法においてはエネルギーの精度は線量率の精度に直接影響する。そこで，福島県内で明瞭に観測できる ^{134}Cs の 796 keV ピークに着目し，実証試験中にそのピーク位

置の長期間追跡をおこなった。2013年はじめから秋までの約8か月の運用中，ピーク位置が±2％の偏差に収まっており，これは線量率換算で±4％の偏差であった。C12137シリーズのエネルギー分解能のカタログ値が8％であること，またKURAMA-IIによる測定ではサーベイメータ程度（±15％）の精度を目標としているが，これを達成するのに十分な水準である。現在も運用時の^{134}Csの796 keVピークをチェックすることで検出器の健全性を確認している。このチェックに使用している^{134}Csの半減期は約2年であり，今後急速に減衰すると見込まれる。そこで，長期的には半減期30年の^{137}Csの662 keVピークや^{40}K（カリウム-40）の1461 keVピークを指標とすることを検討している。また，この波高スペクトルから空間線量率上昇の原因の推定も可能となる。例えば，KURAMA-IIのモニタリング中に急激な線量率の上昇が見られたことがあった。そこで，KURAMA-IIで取得していた波高スペクトルを確認したところ，放射性薬剤である^{99m}Tc（テクネチウム-99m）に対応するピークが明瞭に現れていることがわかった。線量率の異常上昇が放射性薬剤投与を実施している医療機関最寄りのバス停から始まっていることなどから，放射性薬剤投与の患者がバスを利用したためであることがわかった。

　この実証試験で得られた線量率データは，1週間ごとの測定結果を総務省8分の1地域メッシュごとに平均化し，地図上で可視化して公開している。実証試験中，面的・継続的に取られた同一条件の測定データが大量に蓄積されたことで，様々な知見が得られている。たとえば土地の利用状況の異なるメッシュごとの空間線量率の経時変化を追跡した結果，降雪によって線量率が大きく低減されるが，その度合いは土地利用形態に依存することが明らかになった。たとえば，市街地で地面がコンクリートやアスファルトでよく舗装され，頻繁に除雪も入る地域では，積雪による遮蔽は軽微である一方，山間部で道路以外の除雪がほとんど入らない場合は積雪で大きな遮蔽が発生し，雪解けとともに遮蔽効果が小さくなる様子が明瞭に観察された。また，1年間を通じた測定では，線量率が低減していく程度に地域差が出ていることも明らかになっている（図4-14）。これは高線量率の地域では環境中のセシウムが線量率を支配する要因である一方，低線量率の地域では他の天然核種と

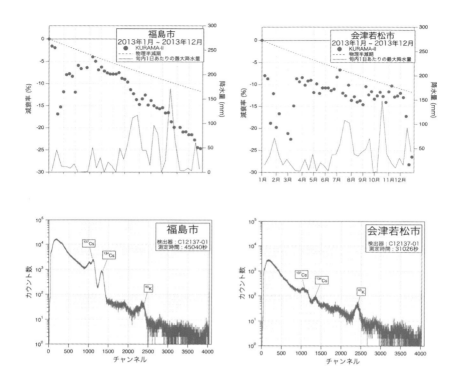

図4-14 2013年1〜12月の空間線量率の減衰の度合い（上側）と波高スペクトル（下側）。

上下とも左が福島市，右が会津若松市。上側は丸点が2012年12月末を基準とした時の低減の割合を，点線が物理的半減期のみを考慮した場合を，折れ線グラフが旬間あたりの降水量を示している。会津若松と福島では線量低減の進行が異なるが，会津若松では福島に比べ環境中のセシウムが少なく，天然核種により空間線量率が支配されつつあることがわかる。

セシウムが競合するレベルにまで減少しているためと考えられる。このことは波高スペクトルからも明らかである。現在，より詳細な解析がJAEAを中心に進められているが，このような多面的なデータを継続的に，かつ特段の労力なしに測定できていること自体がKURAMA-IIの開発方針の正しさを証明しており，類似の走行サーベイシステムと一線を画す部分である。

この路線バスによる監視体制については，2014年度より京大・福島県・

第 4 章　環境放射線の監視と管理

図4-15　JAEA が開発したリアルタイム情報表示ディスプレイ。
福島駅前のビルロビー内で公開されている。

JAEA の三者による共同事業に移行した。京大の技術指導のもと，福島県保有の約 50 台の KURAMA-II で全県規模に測定範囲を広げ，JAEA が得られたデータを処理しリアルタイムに近い形で公開している。そのうち路線バスは 28 台であり，2013 年 8 月から京大の実証試験で得られたデータと併せて JAEA と共有，JAEA からも測定結果を公開しており（図 4-15），2014 年の共同事業開始後は福島県と JAEA からデータが公開されている。今後も測定範囲を拡充する計画であるが，路線バスでカバーしきれない範囲については，コンビニや宅配便の配送車などのような定時性の高い移動体を使った展開の検討を進めている。しばしばタクシーへの搭載の提案をされるが，車両運行の定時性の低さや利用客の多い経路に測定が偏ってしまう問題から，広い地域を長期にわたって，その変化を追跡するには不向きであると考えられる。取り扱いの容易になった KURAMA-II は，文科省の東日本一帯の走行サーベイ調査でも採用された。従来の KURAMA による調査では，測定のたび

167

に測定要員を確保し，KURAMA の操作方法に関する教育を行った後でチームを編成して測定が実施されていた。しかし，現在では KURAMA-II を東日本一帯の自治体に貸し出し，各自治体の職員に設置と測定の依頼をする形となった。測定データはほぼリアルタイムで自治体側に提供され，自治体単位で実情や住民の関心に即した調査を行えるようになった。現在この事業は原子力規制委員会に移管され，年数回の頻度で継続中である。これらのデータは JAEA の「放射性物質モニタリングデータの情報公開サイト」で公開されており，地図データだけでなく数値データも利用可能である[28]。

4-6-4　KURAMA-II の今後の展開

現状では路線バスによる定常監視や普通乗用車での広域サーベイに利用されている KURAMA-II であるが，小型軽量で完全自動化を達成した利点を生かした展開も進められている。測定中の操作等が一切不要なことからバイクに搭載しての測定も可能である。バイクには，自動車と異なり車体による遮蔽効果を考えなくてよいというメリットもある。現在のところ京大で製作された3台が，路線バスの車内外補正のための基礎データ測定や，山林や路地裏といった乗用車で走行しづらい環境での補完的な測定に活用されている。今後は郵便配達等のバイクに搭載できるよう更なる小型化を検討し，生活圏の監視網の充実を図りたい。

また，今後の取り組みとして重要視しているのは，公園や宅地，農地といった場所での詳細な汚染分布を把握するための利用である。従来は単純な空間線量率の大小により汚染分布の把握が試みられてきた。しかし，単純に空間線量率を測定しただけでは，直下の地面に放射性物質があるのか周囲からの寄与なのかを区別することができないため，しばしば除染を実施しても思ったように線量率が下がらないという現象が発生している。環境省のガイドラインや福島県のパンフレットでは，異なる高さ（約 1 m と約 5 cm）での空間線量率を測定し，地表付近の方が高い場合は地表に汚染があると判断する方法が紹介されている。実際に高さを変えながら測定するのは大変であることから，これに対応するべく開発された機材が各種発売されている。KURAMA でも，KURAMA-m という形で商品化されている。これらは概ね

長い棒の端から 5 cm と 1 m の位置に検出器を取り付け，それを持って歩きながら測定し，ガイドラインに示された値を得るというものである．しかし，現実の測定対象となる場所では凹凸のある地面や斜面などもしばしばあるため，測定者がこのような棒を地上高に一定に保ちながら持って歩くこと自体が難しい場合も多い．そこで，KURAMA-II の拡張性を活かし，複数の検出器による同時測定の結果から周囲の汚染と直下の土壌汚染の簡便な弁別を行う技術の開発を進めている．特に作物へのセシウムの移行が問題となっている農地を対象に，福島県農業総合センター本所および同センター果樹研究所と協力して進め，地表付近の汚染密度を一定の精度で判定できるように得られるようなデータの取得が出来ている．今後，さらに開発を進め，実用化を目指す予定である．

ところで，JAEA の web サイトでは，除染作業による線量率低減が KURAMA-II で確認された地域を紹介している．線量率が基準を下回ったらもう測定は要らないとするのではなく，このように改善効果とその維持の状況を一般向けに公開し続け，万一線量率上昇が見られた際には適切に対処する体制の確立が住民の皆さんの安心につながるのではないだろうか．そのような体制を低コストで運用するために KURAMA-II が活用されることを期待したい．

KURAMA-II の展開にあたり，色々な方々から相談や質問を受けることがある．例えば，比較的多い質問に，「KURAMA/KURAMA-II のどこが新しいのか？」というものがある．小型の空間線量率計と GPS を組み合わせた走行サーベイシステムはすでに存在しており，それらと同じではないか，とのご指摘である．この指摘は車載機に関してのみ見ればほぼ正しい．その際には「1 台だけで運用するなら変わらないと思います」と答えることにしている．筆者としては，KURAMA/KURAMA-II の真骨頂は，1 台でできることが 100 台でもできるというスケーラビリティにあると考えている．このスケーラビリティに大きく貢献しているのが，測定者の操作を介在させないネットワーク経由のデータ回収である．このような多数台からミスなく長期的にデータ収集できることがネットワークを使った KURAMA/KURAMA-II の利点である．実はこの点は，KURAMA-II を導入したい方々にはしばし

ば不評で,「通信機能を省き,測定者が毎日データをコピーすればシンプルに安くできますよね？」と言われることが多い。たしかに高々1, 2台を限られた場所と期間のみ使用するのであればその通りである。しかし,大規模,広域あるいは長期にわたる調査では,測定をする人たちと解析を行う人たちが全く別のグループで,お互いに見も知らぬ人の場合が多い。このような状況では,人的操作で加わったミスや不具合の検証は極めて難しくなる。筆者が聞いたある調査の話だが,測定地点の記録としてGPS端末の緯度経度表示をそのまま記録用紙に記載するという指示に対し,度の十進表示と度分秒の六十進表示の混乱,勝手な桁数の打ち切りなどの問題が頻発,結局写真などを頼りに手作業で一つ一つ再確認したそうである。このような事後の検証や処理のコストはその後の測定事業の継続を左右しかねない。特に大規模な計画では「測定者,操作者が気をつければミスや間違いは十分排除できる」という前提を捨て,事後の作業まで見通した調査計画を立案しておくべきと考える。そういう観点で見れば,他のグループの類似の測定が単発で終わったり限定的なものであったりする中,100台以上のKURAMA-IIが東日本一帯で定期的に一斉測定を継続的に実施したり,福島県内の路線バス等の約50台のKURAMA-IIが日々データを蓄積し続けていることは,我々の狙いが正しかったことを示していると考えている。

　またKURAMA-IIを緊急時用として導入し,運用コストを抑えるため平常時は運用せず保管を希望される場合も多い。しかし,運用の負担の小さいKURAMA-IIであるので,日常の業務で使う車に乗せるなどして平常時から使ってほしいと思う。平常時に当たり前に動かせないものが緊急時にうまく使えるはずもないし,基準となる平常時のデータの十分な蓄積がなかったことが福島原発事故の大きな反省点だとも考えているためである。

4-7　あるべきモニタリングの姿——原子力の安全基盤として

　本章では,事故後の環境放射線モニタリングの実態について概観するとともに,それを契機に開発されてきたKURAMAの利用実態,さらにあるべき環境モニタリングの体制を意識しつつ,福島の復興への寄与を願って開発

されたKURAMA-IIについて述べてきた。この節では，住民の被曝という観点から見た場合の事故や事故後におけるモニタリングの問題点を再度振り返り，モニタリングのあるべき姿について，特に我々が開発したKURAMA-IIの活用を踏まえて述べる。

4-7-1　福島原発事故時のモニタリングで達成すべきであったこと

　はじめに緊急時のモニタリングで何がなされるべきであったかについて考える。事故当時の事象や状況に関して，現時点で情報が不足していることとしては，事故当時の放射性物質の放出時とその後の放射性核種の拡散状況に関する正確な情報がある。住民の被曝の観点から言えば，ごく初期のヨウ素の放出やその後の拡散に関する情報が欠落していることは大きな反省点と言える。ベント操作や水素爆発などによる複数回の放出の機会があり，その際にヨウ素がどの程度放出され，またどのように動いたのかについて，実測のデータがきちんと残っていれば，住民の被曝の抑制や線量評価のための貴重な情報になったと思われる。従来の環境モニタリング指針では，原発周辺のモニタリングポストと，事故後風下を中心に複数設定するモニタリング地点でのモニタリングにより把握できるとしているが，そのような手法では評価に十分なデータが得られなかった。また，空間線量率の測定データはあっても，放射性核種の種類や量を推定するのに必要な波高スペクトルのデータが著しく不足している。

　また，そもそも事故による影響の規模がどの程度なのかを迅速かつ大局的に把握する必要もあったと思われる。本来SPEEDIがその役割を担うはずだったのだが，それができなかった以上，代替手段で確実に履行されるべきであった。実際には，順次避難区域や屋内退避区域といったものが設定されたが，これらは同心円状になっており，実際の汚染の広がりを把握した上で設定されたものではない。事実，飯舘村のようにこの同心円から外れた地域で深刻な汚染が発見され，事故から1か月以上経ってから計画的避難区域や特定避難勧奨地点などが設定されるに至っている。それにもかかわらず，事故後のモニタリング活動はこの同じ円状に設定された避難区域に左右されていた。さらに，事故後に緊急時モニタリングを行っても，そもそも基準とな

る平常時のデータが実測されていないことも問題であった。平常時モニタリングの重要性は指針でも指摘され、その方法も指示されてはいるが、東日本大震災のような広域の被災までも想定した平常時データの作成という観点はなかったと思われる。

4-7-2　適切なモニタリングによる避難区域の設定が出来なかった理由

　住民の方の混乱をさけ、不安をもたらすことなく避難がなされ、放射線被曝が低減されるためには、適切なモニタリングが行われ、それに基づいて適切に避難区域が設定される必要があったことは明らかである。にもかかわらず、全くと言ってよいほど事前に準備されていたシステムは機能しなかった。その理由はどこにあるのか。筆者の考えるポイントは、当時の状況を振り返った際に指摘した通り、当時の環境モニタリング指針では放出源情報の有無にかかわらずSPEEDIや気象条件をもとにした分布予測の重要性が強調されており、緊急事態においてもその精度を上げるために放出源情報の収集を継続することが求められていたことである。このシステムでは、モニタリング値が予測されたその分布を確認あるいは修正するための手段として用いられている。たとえばモニタリングカーによる測定も予測される分布を確認するために実施され、モニタリングカーはそのような目的を達成できるように装備や能力が最適化されていた。福島県の保有する環境放射線測定車も、移動した先で試料分析を行ったりする能力や機能の充実に重点がおかれ、予測した分布をもとに効率的に選んだ測定点を順次移動できれば十分ということで、走行能力については十分な注意が払われていなかった。そのため、長期にわたって放出源情報やSPEEDIの計算結果が入手できず広域の分布を知りたいとなっても、保有する環境放射線測定車では対応できない状態であった。

　適切なモニタリングができなかった第2の理由は、予測に重きを置きながら、現地で行えるのは極めて簡便な予測のみで、それ以外は遠隔地のホストコンピュータを用いなければならなかったことであった。これでは東日本大震災の場合のように通信回線が途絶したとたん、現地のデータを受信したり計算結果を現地に送ることもできなくなる。当時ホストコンピュータとの専

用回線が途絶した後も東京からファクシミリやメールで仮定に基づく計算結果を送り続けたとされている。しかしファクシミリやメールでの情報伝達はシステム上想定されておらず，情報伝達自身を含めて混乱がおきていた。中央で予測した結果に基づいて現地で行動を起こすシステムなのであれば，専用回線が途絶した後の代替通信手段によっても回線途絶前に準じた作業が実施できるようにしておくべきであった。

さらに，これがもっとも重要で，今後の対策に活かされるべき点であるが，予測ができない状況に陥ったときにどうするべきなのか，具体的な対応を検討していなかったことが適切なモニタリングが達成されなかった理由の一つである。たとえば，指針に従えば風向の変化ごとに分布予測もやり直しとなるが，そのような作業を現場で繰り返すことで相当の負担が発生することになり，対応がストップしてしまったのである。

4-7-3　緊急時に何をすべきか

緊急時とは，平時に想定している多くのことが覆されてもおかしくない状況である。平時に想定した異常事象に対応するのはもちろんであるが，現実が想定通りに進行することはまずあり得ない。その時に，いかに想定外の事象に対して次善の策をとっていけるのか，という観点が欠かせない。たとえば通信回線の途絶について考えてみると，専用回線の途絶後も相応にSPEEDIを稼働させるには，どのような代替回線を確保すべきかを検討することである。緊急時には一般回線も専用回線も共に途絶するのである。また，オフサイトセンターや原子力センターから撤退することになったとして，その際に機材を残していっても相応の運用ができるシステムや体制を考えることである。このように何重もの代替策を準備しておくことが緊急時の対応において重要である。では，このような代替策も機能しなければどうするか。さらに突き詰めて考えれば，緊急時に達成すべきは迅速な汚染分布の把握ということになる。的確な予測は分布把握に要する労力や時間のコストを小さくできるため有効であるが，とりあえず測ってしまう方が早いということであれば，予測をする前に測ってしまえば良い。このような判断が的確に現場で実施できる必要がある。もし，この判断が中央で行われるようなシステム

になっている場合は，特に通信環境の厳しい事故時に汚染分布の把握が遅れ，その結果，汚染分布をもとに行われる様々な対応の遅れにつながることを認識しておく必要がある。現場レベルでこのような優先度の判断を相応にこなせる人材と，できるだけコストの低い代替手段を準備しておくことが重要だと思われる。そういう意味では，測定実務に長けた学識経験者が現場に加わり，モニタリングなどの活動にアドバイスができると良いと思われる。

このような「とりあえず測る」という考え方の重要性を鑑みると，福島原発事故への対応で賞賛され，今後の参考とされるべき点がある。福島県が事故発生後早期の段階より，県内の市町村の代表点でサーベイメータによるモニタリングを始めたことである。県の担当の方の話によれば，原子力センターに配属された県職員はサーベイメータの正しい使い方についての実地の訓練をみっちり受けることとなっていたそうで，この訓練を受けた職員が定期異動により県内各地にいたため「昔取った杵柄」状態でサーベイメータの操作を行うことができたとのことである。これにより，福島県全域のモニタリングは，その時点で可能な範囲としては相応に確保されたのである。このサーベイメータによるモニタリングは，その後の避難や住民対応に大きく役立ったのである。惜しむらくは，もしこの際に各地の波高スペクトルのデータも得られていれば，初期被曝の評価に大きく貢献した可能性もあるが，そのような機材がなかった以上対応できないのはやむを得なかった。

4-7-4　緊急時における KURAMA-II の可能性

前項で述べた緊急時に必要という観点から見れば，KURAMA-II には緊急時モニタリングに対応できる潜在的な能力があると言える。すでに，とりあえず電源を入れて動かし続けておきさえすれば，何もしなくてもデータが蓄積され評価が実施できることは，KURAMA-II を使った路線バスによる継続的なモニタリング活動や東日本の自治体に依頼しての広域モニタリング事業で実証済みである。また，コスト的にもモニタリングポストの数分の1であり，サーベイメータ的な感覚で台数を揃えることができるため，必要であれば順次車載機を追加していくことも容易である。

もし KURAMA-II が事故当時に存在したならば，とりあえずモニタリン

グカーや自治体の車，避難民を輸送するバス等々対象地域にある移動体のどこかに KURAMA-II を搭載するだけで自動的にモニタリングデータが収集できたのである。もちろん携帯回線の途絶でリアルタイムなデータの共有ができなかったり，道路の寸断や迂回で測定地域に欠落ができるなど十分にモニタリングに活用できない車両も出てくる可能性はあるが，追加の大きな労力なしに各地の空間線量率の情報や放出核種の推定に必要な波高スペクトルが収集できたはずである。

　だからといって，KURAMA-II を緊急時に備えて配備だけしておき，いざという時に持ち出して使用を開始するという運用はあまり推奨されない。このような緊急時のみの運用という考え方は，必要な予算額を低減するために，平時の運用コストを削ることを目的に提案されるかもしれない。あるいは，コンピュータに関する知識が必要となるサーバなどの機器操作を避けつつ，有用な機材を配備し万全の対策をとったという対外的な説明が行えるという効果を狙って提案される場合もあるかもしれない。しかしこのような運用は明らかに適切ではない。ここで，今一度福島県の原子力センターの取り組みを思い出したい。平常時に原子力センターに配属された職員が必ずサーベイメータの使い方をしっかり身につけていたからこそ，いざという時に手元にあるサーベイメータで空間線量率を測定することができている。これは KURAMA-II でいえば，平常時から公用車などに搭載して稼働させた状態にしておき，日頃から KURAMA-II のモニタリングデータの処理を行いつづけることに相当する。平常時に KURAMA-II を動かし続けることの意義については，4-6-3 で説明した福島での路線バスを使った測定事業が示している。測定対象地域での様々なレベルの経時変化をとらえることで，現状における定常的な状態についての知見を与えつつ，想定外の線量率変動の検出とその原因特定の手がかりを与えており，何が想定内で何が想定外なのかという判断の素地を作るとともに，実際にデータを見て判断する経験を積むことができるようになる。単なる機材の配備ではなく，実際に職員が KURAMA-II による監視の経験を積み，これが万一の事態において「昔取った杵柄」として活かされるようになることが，本当の意味での緊急時に備えることである。

COLUMN
コラム 8

福島原発事故に伴い放出された放射性物質による海洋汚染と海洋生物への影響

国立研究開発法人量子科学技術研究開発機構　放射線医学総合研究所
青野辰雄

　国内の原子力関連施設は沿岸に立地しているために，平常時より放射性物質等による海洋環境への影響を調査するために環境放射能水準調査等のモニタリングが行われている。これまでに蓄積されたデータは，福島第一原子力発電所事故による影響を知る重要なツールになった。福島原発事故では海洋環境へ付加された放射性物質は大気経由で沈着したものだけでなく，高濃度汚染水の直接流入による影響も大きい。そこで本事故による海洋環境への影響について，これまでの知見をまとめた。

1　事故前の放射性核種濃度

　2011年3月11日からの福島原発事故に伴い，3月22日に福島第一原子力発電所放水口付近の海水からの放射性物質の検出が東京電力株式会社より報告され，^{131}I（ヨウ素-131），^{134}Cs（セシウム-134）や^{137}Cs（セシウム-137）等の放射性核種が海水から検出されたことが発表された[1]。その後も引き続き，海洋環境における様々なモニタリングによる^{131}I，^{134}Csや^{137}Cs等の放射性核種の濃度が公表される中で，その実態を知るためには，事故前のバックグラウンドについて理解する必要があった。1954年のビキニ環礁における水爆実験による第五福竜丸事件を受けて，全国で環境放射能調査研究が開始され，その結果はWEBサイトでも公開され，海洋環境では，海水，堆積物，海藻，魚類と貝類等についてデータがある（図1）。これまでのデータベースは，今回の事故の影響を知る一つの指標となった。^{137}Cs濃度の変動を見ると海水，海藻や貝類では1986年のチェルノブイリ原発事故や2011年の本事故による影響が確認できる[2]。1974年から事故前の2010年までに^{137}Cs濃度は海水で1/5，堆積物で1/2〜1/10，魚介類で1/10程度に減少していた。放射性核種の物理学的半減期よりも放射性核種濃度の減少速

COLUMN

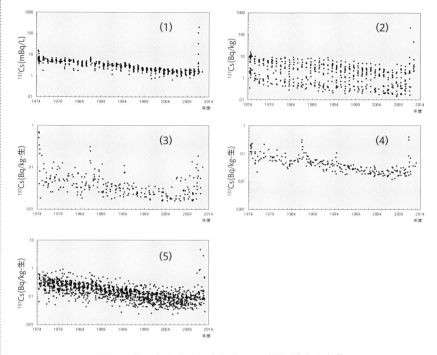

図1　1974年から2013年までの ^{137}Cs 濃度の変動
(1)海水　(2)堆積物　(3)海藻　(4)貝類　(5)魚類
日本の環境放射能と放射線，http://www.kankyo-hoshano.go.jp/en/index.html．より作図

度が早いのは，環境の変化や生態学的半減期などが影響すると考えられている。

2　事故に伴う海水中の放射性核種濃度の変化

　2011年3月21日に福島第一原子力発電所放水口付近の海水中から検出された放射性核種の分析の結果，実用発電用原子炉の設置，運転等に関する規則の規定に基づく線量限度等を定める告示の濃度限度（別表第2第六欄周辺監視区域外の水中の濃度限度）を越える ^{131}I，^{134}Cs および ^{137}Cs が検出され[1]，福島原子力発電所周辺の陸域だけでなく，福島沖における海水と堆積物に関する海域モニタリングが開始された。その結果，福島沖合の太平洋の海洋表層水から本事故前よりも高い

濃度の ^{134}Cs や ^{137}Cs が検出された。その後，4月2日に2号機取水口ピットから高濃度汚染水の流出が確認された[3]が，その流出が発生した時期や流出量は判別できなかった。そこで福島原子力発電所周辺の海水中の放射性物質が，大気からの降下物の影響によるものか，あるいは高濃度汚染水の直接流出に起因しているのかについての検証が始まった。

まず ^{131}I /^{137}Cs 放射能比をもとに計算したところ，高濃度汚染水の直接流出は3月26日から始まっていることが明らかとなった[4]。また4月から5月の北部北太平洋における表層海水の ^{134}Cs および ^{137}Cs の放射性セシウム濃度分布を調べたところ，房総半島以南の黒潮流域では本事故由来の放射性セシウムは観測されなかった一方で，福島沖だけでなく北西部北太平洋においても本事故由来の放射性セシウムが観測された。高濃度汚染水の直接流出に伴う放射性セシウムの拡散に関する海洋モデルの計算結果は福島沖のセシウム濃度分布と一致したが，北部北太平洋で検出された本事故由来の放射性セシウムについては説明できなかった。しかし大気拡散モデルを用いた太平洋への大気からの放射性セシウムの沈着量を計算したところ，調査海域にも大気から沈着している結果が得られた。つまり，北部北太平洋で検出された本事故由来の放射性セシウムは，高濃度汚染水の流入だけでなく大気からの沈着により付加されていたのである[5]。

本事故由来の放射性セシウムは福島沖から黒潮，黒潮続流や北太平洋海流により東へ流れながら北太平洋で拡散希釈され，西海岸でも観測された。一方で北太平洋中央部では表層水が冷却され水深200〜400 m に沈み込み，西側へ流れることが知られていた[6]。今回，事故後の調査でも日本の南方海域の水深200〜400 m に本事故由来の放射性セシウムが検出されている[7][8]。2016年には，福島沖の海水中の ^{137}Cs 濃度は福島原子力発電所港湾内を除いて事故前に近いレベル（数〜数十 mBq/L）まで下がっている[9]。

3 堆積物における放射性セシウムとプルトニウム（Pu）

福島原子力発電所沖合の海水から本事故由来の放射性セシウムが検出され，5月から30 km 以遠の海域でも堆積物のモニタリングが文部科学省により開始された。本事故前の ^{137}Cs はおよそ1 Bq/kg- 乾燥重量（dry）であったが，事故後は数十から数百 Bq/kg-dry が報告された[10]。ただ土壌や河川堆積物中の放射性セシウ

ム濃度[11]に比べると低い値であった。これは陸水のpHが中性であるのに対して，海水は弱アルカリ性で，また高濃度の塩分を含むことにも一因がある。また堆積物を粒径別にふるいで分画した場合，粒径の小さいシルトや粘土粒子画分中の放射性セシウム濃度が高い結果を示した。つまり微細粒子の含有率が高い堆積物は放射性セシウム濃度が高い傾向にあった[12]。

　Puは人体にとって影響の大きい核種であるが，今回の事故では4章で述べたように，環境中への放出量は多くない。また海水に付加されたPuは，溶解度が低いために粒子に吸着して，下方へ除去されやすい特徴がある。本事故前の表層海水および堆積物中の$^{239+240}$Pu（プルトニウム-239, 240）濃度は，〜0.005 mBq/Lと＜1〜4 Bq/kg-dryであり，^{240}Pu/^{239}Pu放射能比からその起源は大気核実験とPPG（Pacific Proving Grounds）イベントに由来していることが明らかにされている[13]。本事故後に福島周辺で採取された土壌や落ち葉から^{239}Pu，^{240}Puや^{241}Pu（プルトニウム-241）が検出され，これらの濃度と同位体の放射能比から本事故由来のプルトニウムであることが判明した[14]。一方で，福島原子力発電所周辺から福島沖合の海水や堆積物は放射性セシウム濃度から本事故の影響を受けていることが明らかであるにも関わらず，^{239}Pu，^{240}Puおよび^{241}Puの放射能比は本事故前と同じであった。これは本事故によって海洋に付加されたPu量よりも本事故前からバックグラウンドとして存在するPu量が多いためである[15][16]。

4　事故に伴う海産生物中の放射性核種濃度の変化

　2011年3月15日，原子力災害対策本部は福島沖合に船舶航行危険区域を設定し，福島県漁協組合連合会は福島県農林水産部と協議の上，操業自粛に至っている[17]。各都道府県における水産物放射性物質調査結果については水産庁で公表されており，2011年4月に茨城県や福島県沖合で採取されたイカナゴから500 Bq/kg-生重量の濃度を越える^{131}Iおよび放射性Cs濃度が検出されたことが報告されている[18]。魚類毎に放射性セシウム濃度の減衰を比較したところ，小型魚類は海水中の放射性セシウム濃度の減衰と類似していた。軟体類は今回の事故直後に放射性セシウムが検出されたが，それ以降は検出されていない。底層魚類は放射性セシウム濃度が減少する傾向にあるもののデータのばらつきが大きい[19]。筆者らが，2011年6月と12月に福島県小名浜沖で採取された魚介類について，部位（可

食部（筋肉），内臓部およびアラ部）毎に分別し，乾燥後に放射性核種濃度を調査した結果，放射性セシウムについては部位の違いによる濃縮の差は認められなかった。またイカやタコの内臓部では ^{110m}Ag（銀-110m）が検出された。イカ（軟体類）の肝臓（中腸腺）にはヘモシアニンがあるために，放射性銀が濃縮されることは，本事故以前より知られている。餌となる底生生物からも ^{110m}Ag が検出された。本事故により大気へ放出された ^{110m}Ag が土壌（陸域）だけでなく，海底堆積物からも本事故後数か月は検出された。つまりベントス（底生生物）の体内には堆積物が含まれており，この影響が考えられる。

またカルシウム（Ca）が主成分の骨にはストロンチウム（Sr）が濃縮されやすいことから，魚類のアラ部（筋肉と内臓以外の部分）について，^{90}Sr（ストロンチウム-90）の分析を行ったが検出下限以下であった。

また魚類の筋肉（可食部）から $^{239+240}Pu$ も検出されなかった。元素や放射性核種の水中濃度に対する水中生物濃度の割合を一つの指標として，濃縮比（CR: Concentration Ratio）で表すことができる。海水中と生物中の放射性セシウム濃度が平衡状態と仮定して，魚介類中のセシウムについて CR を見積ったところ，TRS-422[20] に記載されている値に比べて高い傾向にあった。また元素や放射性核種の水中濃度に対する堆積物中濃度比の移行係数 K_d に近い値[20]が得られた。これは生息環境の影響に加え，魚介類の摂餌や食物連鎖による影響が考えられた[21]。

5 海洋生物に対する放射線影響

第2章でも述べられているように，ヒト以外の環積生物における放射線防護に関しては，国際放射線防護委員会（ICRP）を中心に標準動物及び植物（Reference Animals and Plants）の概念が提唱され，2008年には12種類の標準動物及び植物の詳細とそれを用いた環境防護の枠組みについての報告書（Publ.108）が刊行されている。この報告書の中では，それらの標準動植物において放射線影響を考慮すべき放射線量であるか否かを判断するための目安として誘導考慮参考レベル（Derived Consideration Reference Levels）（mGy/day）が 示されている（図2）[22]。このレベルは目安とされているが，マスやカレイ類は 1 mGy/day，カニは 10 mGy/day 以下の線量率であれば影響が観察されないというものである[23]。UNSCEAR 2008 報告書にある参照生物（底生魚）の外部被曝の線量換算係数

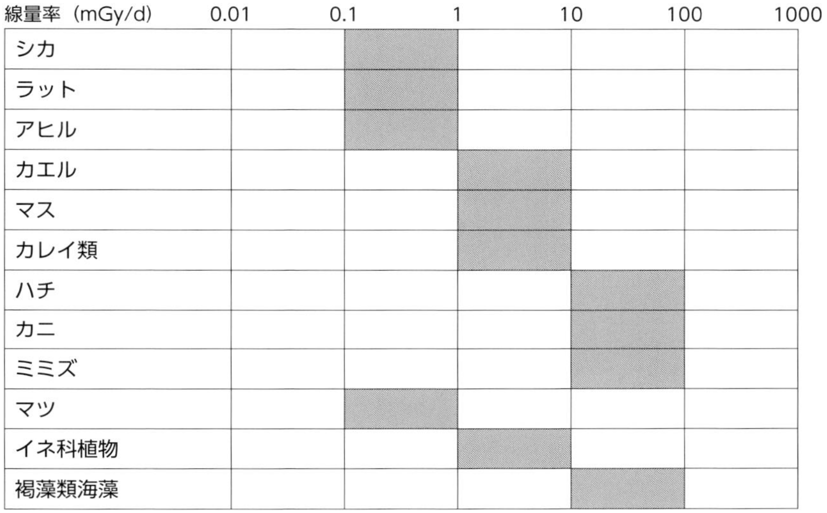

線量率 (mGy/d)	0.01	0.1	1	10	100	1000
シカ		■				
ラット		■				
アヒル		■				
カエル			■			
マス			■			
カレイ類			■			
ハチ				■		
カニ				■		
ミミズ				■		
マツ		■				
イネ科植物				■		
褐藻類海藻				■		

図2 ICRPが提示した標準動物および植物12種類に対する誘導考慮参考レベル[22]

(^{137}Cs：2.9 x 10^{-4} mGy/h per Bq/kg) や加重吸収線量率 (^{137}Cs：1.8 x 10^{-4} mGy/h per Bq/kg) を用いて[24]，魚類への線量率を単純計算しても1 mGy/dにも満たない。UNSCEAR 2013報告書（2011年東日本大震災後の原子力事故による放射線被曝のレベルと影響）では，人以外の生物相の線量と影響の評価についてまとめられている。つまり福島沿岸における海洋生物への推定線量率はバックグラウンド線量率と等しいもので，慢性影響に関する基準値（ベンチマーク）の400 mGy/hを大きく下回るものであった（表1）。また生物試料が採取できなかった福島原発北側の排水口付近の海水中の放射性濃度から動的モデルを用いて海産生物への線量率を求めたところ，海藻の場合は^{131}Iの寄与を受け，2011年4月上旬に20 mGy/hを上回る結果が示された。このレベルは生殖や成長速度に潜在的影響が及ぶレベルであるが，実際の影響の観察結果はないため説得力に乏しいと記載されている[25]。

本事故当初は，水素爆発等で大気に放出された放射性物質が降下物として，また河川などの陸域水系を通して海洋環境へ流入することが予想され，その影響は大きくないと考えられていた。しかし，高濃度汚染水の直接流入による影響は大

表1 様々な時期および場所において特定の海洋生物種中で測定された放射性核種から求めた加重吸収線量率の推定値と，放射線影響についての関連したベンチマークとの比較 [25]

種に割り当てられた標準生物	最大線量率（μGy/h）（年月日；場所）	線量率のベンチマーク（μGy/h）	ベンチマークに対する比率
大型藻類	0.41 (2011年8月16日; 36.9° N, 140.9° E)	40 (ICRP2008参照，ワカメ)	0.01
底生軟体動物	0.42 (2012年1月13日; 37.2° N; 141.1° E)	400 (UNSCEAR, 2011)	0.001
甲殻類	0.63 (2011年10月7日; 37.9° N, 141.0° E)	400 (ICRP2008参照，カニ)	0.0016
底生魚	4.4 (2012年8月2日; 37.6° N, 141.0° E)	40 (ICRP2008参照，ヒラメ)	0.11
ウニ	0.42 (2012年1月13日; 37.2° N, 141.1° E)	400 (UNSCEAR, 2011)	0.0011
ナマコ類	0.65 (2011年10月7日; 37.9° N, 141.0° E)	400 (UNSCEAR, 2011)	0.0016
ホヤ	0.64 (2011年10月7日; 37.9° N, 141.0° E)	400 (UNSCEAR, 2011)	0.0016

きく，その後も福島原子力発電所港湾付近から外洋へ流出は続いた。海水中の放射性セシウムは拡散や移流により，福島沖合の濃度が事故前のレベルまでに概ね下がり，堆積物中濃度も福島沿岸では低下している。さらに水産物に対する放射線被曝による影響は考え難く，また実際に観察もされていない。2016年には食品中の放射性物質の基準値を超えた水産物は淡水魚の数件しか報告されていない。福島県や漁協関係者の方々は検査体制を整え，これまでのモニタリング結果を踏まえ，専門家を交え，慎重に出荷制限や操業自粛を進めているが，事故前の状況に戻るまでには，科学的なことだけで解決できない多くの問題が山積している。

COLUMN

コラム 9

放射線測定の原理と主な放射線測定器について

京都大学原子炉実験所　放射線安全管理工学研究分野
八島　浩

　放射線を直接見ることはできない。そのため放射線測定では放射線が測定器中に残した痕跡（放射線が測定器中で起こした相互作用の結果）を利用している。電荷をもった放射線が測定器中に入ると測定部を構成する物質の原子の軌道電子との相互作用で運動エネルギーを付与し，軌道電子が原子から分離したり（電離），シンチレーション光を発したり（蛍光）する。測定器に高電圧をかけて電離した軌道電子を電極に集めたり，光電子増倍管やフォトダイオードでシンチレーション光を変換することによって電気信号として取り出し，測定器に入射した放射線の種類，数，エネルギー等の情報を得ている。電荷をもたない放射線の場合は測定器中で直接電離や蛍光等の相互作用をしないので測定部を構成する物質の原子の原子核や軌道電子との相互作用により発生した2次荷電粒子の電離や蛍光による信号を測定している。放射線と測定器との相互作用の起こりやすさは放射線の種類やエネルギー，測定部の物質の種類によって異なるので，放射線を測定する際には測定したい放射線の種類，エネルギーや知りたい情報に応じて適切な放射線測定器を選択しなければならない。以下に主な放射線測定器を示す。

①電離箱

　2枚の平行に向かい合った電極の間に気体を満たし，電極に電圧をかけておく。放射線が入射すると，放射線の電離作用によって電離箱中の気体が電離し，電子とイオンの対が発生する。この発生した電離電子を電極に集め，流れた電流を測定する。電離電子を収集するのに十分な電圧をかけていればこの電流は電離箱中の電離量（放射線が付与したエネルギー量）に等しいので主に線量測定に用いられる。高放射線場でも使用できるのが特長である。

COLUMN

②比例計数管

電離箱よりも十分に大きい電圧を印加すると電離電子を電極に集める際に強く加速され他の原子を2次電離する。さらに，2次電離された電離電子も同様に他の原子を電離するというように電離が繰り返し起こる。その結果，最初の電離量に比例して増幅された電気信号を得ることができる。これをガス増幅と呼び，電気信号が増幅されているので入射した個々の放射線に関する情報を得ることができる。

③ガイガー・ミュラー（GM）計数管

比例計数管よりさらに大きい電圧を印加すると電離電子を電極に集める際に強く加速され他の原子を2次電離し，さらに，2次電離された電離電子が他の原子を電離する，というように電離が繰り返し起こる。いわゆる電子雪崩と呼ばれる現象が起こる。そのため，最初の電離量によらず大きな電気信号を得ることができる。入射した放射線のエネルギー情報は得られないが簡便に放射線の数を数えることができる。主に汚染検査に用いられる。

④シンチレーション検出器

放射線がある種の結晶やプラスチックなどに入射した際に発生するシンチレーション光を利用する。放射線が結晶に付与した放射線のエネルギーに比例した信号が測定できる。主にγ線による空間線量率の測定や放射性核種の分析に用いられるNaI，CsI検出器やα線の測定に用いられるZnS検出器，β線γ線の測定に用いられるプラスチックシンチレーション検出器，低エネルギーβ線の測定に用いられる液体シンチレーション検出器等がある。

⑤半導体検出器

放射線の入射によってGeやSiのような半導体中に発生した電子-正孔対を電極に集め電気信号を取り出す。得られた電気信号は一般にエネルギー分解能が非常に高いことが特徴で，シンチレーション検出器では分離できないようなγ線のピークを分離することができる。特にエネルギー分解能の高い（より正確に測定器に付与されたエネルギーを求めることができる）Ge検出器は放射性核種の同定などの

精密測定に使われている。

⑥積算線量計

ある種の結晶に放射線が入射すると発生した電離電子が再結合せずに格子欠陥や不純物などに捕獲される。後で紫外線，光，熱等で刺激を与えることにより捕獲された電離電子が再結合し，その際に蛍光を発する。この蛍光を測定することで結晶に付与されたエネルギーを求めることができる。ガラス線量計，OSL 線量計，TLD 線量計等があり，個人用の積算線量計としてよく利用されている。

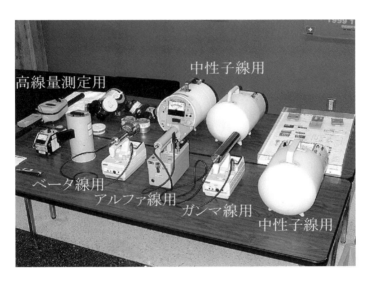

図1　様々な放射線サーベイメータ

COLUMN コラム 10 航空機モニタリングによる放射線マップの作成

国立研究開発法人日本原子力研究開発機構
鳥居建男

　「自分の家の周りの放射線はどうなっているんだ？」福島第一原子力発電所の事故後，拡散した放射性物質に不安を抱いた住民の多くが，その分布状況を示す航空機モニタリングで測定された空間線量率や放射性セシウムの分布マップを興味と心配の入り混じった複雑な気持ちで見たと思う。

　じつは，福島原発事故が発生する前から，原子力発電所が設置されている自治体を中心に空間線量率の測定は行われてきた。また，都道府県ごとに色塗りされた自然放射線の空間線量率のマップも広く公開されており，それを見て"西高東低"と感じていた人も少なくないだろう。

　しかし，今回の事故ほど，放射線のマップが注目を集めたことはないのではないだろうか。航空機モニタリングによる放射線分布のマップを幾度となく目にした人も多いだろう。事故から6年以上経た今日でも，関係する学会発表や専門雑誌はもちろんのこと，一般的な雑誌，新聞でもマップを見ることがある。このマップにより，事故によって放射性セシウムが沈着した地域の人だけでなく，西日本や北海道など福島から遠く離れた人達も，身近な場所の放射線について関心を持ったのではないかと思う。

　なぜ，こんなに放射線のマップが関心を持たれたのであろうか。事故の大きさ，放射性セシウムの拡散範囲によることはもちろんであるが，それに加えて"面"的に放射線の分布が示されたことにもその理由の一端があるのではないかと思う。これまで示された放射線の測定結果はモニタリングポストなどによる"点"データの集合であり，モニタリングカーなどによる"線"データであった。都道府県毎の平均値マップも点データを県単位で表したものだ。しかし，航空機モニタリングは，ヘリコプターで上空から測定した面的なデータである。測定精度はモニタリングポストなどの地上測定データにかなわないが，全体的な傾向を視覚的に

捉えることができる．さらに，自分の家の周りはもちろんのこと，モニタリングカーでも測定できない裏山や田畑まで空間線量率を指し示してくれる．

では，その航空機モニタリングにより，どうやってマップが作成されるのであろうか．

■航空機によるモニタリング

航空機によるモニタリングでは，放射線測定器を搭載したヘリコプターが移動しながら1秒毎に測定している．通常，80ノット（約150 km/h）の速さで移動するため，約40 m毎に測定結果が得られる．測定器にはGPSセンサーが付いており，ヘリコプターの位置や高度が放射線のデータとともに記録されている．これらのデータを測定終了後，GIS（地理情報システム）を使って対地高度を求め，あらかじめ基準となる場所（テストライン）で求めた高度による放射線の減弱の割合や線量率換算係数の関係式を使って地上からの高さ1 mでの空間線量率を算出するのである[1][2]．上空300 m付近から測定するため，測定器は真下からだけの放射線を測っているわけではない．斜め下からの放射線もカウントしている．よって直下にある地上測定データと一概には比較できない．しかしながら，航空機モニタリングを行うとき，地上測定データが得られる場所では必ず地上データと比較を行っている．その結果，ほぼ0.5～2倍程度の範囲に入っていることを確認している．その上で，GIS技術を使って測定データを解析し，面的に表すマップの作成を行っているのである．

この航空機モニタリングの技術は，古くはスリーマイル島の原子炉事故以降，旧日本原子力研究所により開発されたが，今回の事故のように実践的なマッピングまでには到らなかった．今回の事故を受けて，事故直後，文部科学省は米国エネルギー省（DOE）の協力を得て，日米共同で福島第一原発から約60 kmの範囲で航空機モニタリングを実施した．さらに，その技術をもとに，文部科学省からの委託により日本原子力研究開発機構（以下，原子力機構という）を中心とした航空機モニタリングチームは福島第一原子力発電所に近い所から徐々に測定範囲を広げ，全国の空間線量率や放射性セシウムの沈着量の分布を測定してきた．その間に，放射性セシウムの沈着量が少ない場所での天然核種との弁別技術を開発し，より精度の高い評価技術の開発を行ってきた．

航空機モニタリングによる放射線マップの作成は一度やれば済むものではなく，その変動，減衰状況を確認していく必要がある。文部科学省とそれを引き継いだ原子力規制庁からの委託により，これまで 80 km 圏内の測定を中心に年に 1，2 回程度実施してきた。GIS ソフトを使えば，その変化傾向を面的に把握することができることから，これまでにその推移を表してきた[3]。

■無人ヘリを用いた測定

この技術は人間が測定器と一緒に乗って測定する航空機モニタリングにとどまらず，無人ヘリコプター（以下，無人ヘリという）を用いた手法にも適用されている。

測定に使用される無人ヘリは農薬散布等に用いられている産業用無人ヘリにコンピュータと通信機器，制御装置を搭載した自律飛行型の無人ヘリである。筆者は，JCO 臨界事故（1999 年 9 月）により多くの作業員が被曝したこと，そしてその半年後に発生した北海道・有珠山の噴火（2000 年 3 月）により発生した土石流の影響範囲を建設省（当時）土木研究所がヤマハ発動機（株）の無人ヘリを用いて調査したというニュースにヒントを得て，2000 年に放射線測定器を搭載した無人ヘリ・モニタリングシステムの開発研究を行った[4]。当時は，伝送機能を持った放射線測定器やダストサンプラーを無人ヘリに搭載し，リアルタイムで地上の基地局へ放射線測定データを伝送したり，ダストサンプラーのスイッチをオンオフするシステムを製作した。そして，地上に並べたカリ肥料の袋の上や海岸付近上空を飛行することにより，空間線量率の変化を捉え，システムの成立性の実験を行ってきた。しかし，他の例にもれず，3 年間の研究期間の終了とともに，測定機材は倉庫に眠ってしまった（無人ヘリはヤマハ発動機から操縦員付きで借りて使用していた）。

福島原発事故発生後，10 年以上も前の研究を覚えている人が少なからずいたことから，筆者は無人ヘリによる測定準備を命じられ，倉庫に埃を被って眠っていた測定器を掘り起こして機材の点検を開始した。併せて，航空機モニタリングも担当し，米国 DOE のモニタリングチームが航空機モニタリングを指揮する米軍横田基地に通い，米軍機や米軍のヘリコプターに乗って測定したり，GIS ソフトを用いてマッピングを行った。この航空機モニタリング技術を無人ヘリでの測定に応用することにより，より詳細な放射線マップの作成が可能となった。無人ヘ

リは航空法の適用を受けなかったため，航空機より低い高度を飛行することができる。航空機モニタリングは地上から約 300 メートルの高さで測定を行うが，無人ヘリは航空機が飛行できない数十メートルの高度で飛行することができる。数メートル以下の低高度で飛行すると，地形の影響を受けたり，安全上の配慮も必要なことから，無人ヘリ測定は通常 50 ～ 100 m 程度の高度で行っている。この無人ヘリでの測定により，これまでの航空機モニタリングでは分からなかったことが少なからず明らかになった[5]。1 つは河川周辺での放射性セシウムの移行状況の把握であり，もう 1 つは除染作業前後の狭い場所での線量率変動の把握である。これは，自律飛行型の無人ヘリは何度も同じルートを飛行することができるため，放射性物質の沈着状態の経時変化が容易に把握できることによる。また，福島第一原子力発電所から半径 3 km の範囲は飛行禁止区域になっていることから，福島第一原子力発電所の近くでは航空機モニタリングはできない。しかし，無人ヘリはその適用を受けず発電所近傍でも地表から 150 m 以下の低高度で飛行することができる。その結果，放射性物質の放出源に近い場所でも詳細な放射線分布を面的に把握することが可能となった。さらに GIS ソフトを用いて半径 3 km 以遠の航空機モニタリング結果と重ねることにより，放射性セシウムの分布が発電所近傍からシームレスに明らかになった[6][7]。また，現在は無人ヘリ用の放射線測定器としてエネルギー分解能の高い LaBr3 シンチレータを用いているため，^{134}Cs と ^{137}Cs の分布も個別に評価することが可能になっている[8]。

■**無人飛行機によるモニタリング手法の開発**

　また，原子力機構は，航空機と無人ヘリの中間領域の測定器として，固定翼の自律飛行型無人飛行機によるモニタリングシステム UARMS（Unmanned Airplane for Radiation Monitoring System）を宇宙航空研究開発機構（JAXA）と共同で開発している[9][10]。無人ヘリは数キロメートル四方の範囲を精度良く測定することができるが，それより広域の測定はできない。ヘリコプターによる測定は高価であることから，頻繁な測定や緊急時の迅速測定には難がある。UARMS は両者の弱点を補うものとなりうるはずである。実用化にはまだ時間を要するが，緊急時モニタリングツールとしての使用も含めて実用化を目指して開発中である[11]。

　福島第一原発事故により広大なエリアに放射性物質が拡散した。この放射性物

COLUMN

質の拡散範囲を迅速かつ精度良く把握するために，私たちはモニタリング業務を行いながら，様々なツールや技術を開発してきた。これは決して「過去形」ではなく，得られた知見や経験，またこれから明らかになってくるであろう事実についても真摯に向き合い，測定結果を公表していくことが被災した国の原子力研究者の責務との考えである。さらに，あってはならないことではあるが，万が一原子力災害が発生した場合には，迅速に対応できるよう体制と技術，および人材を継続的に整備，確保しておくことも重要である。

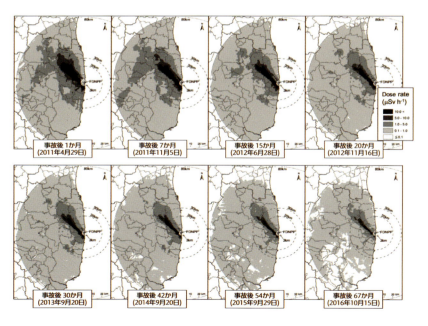

図1　80 km 圏内における空間線量率の分布マップの推移
原子力規制委員会資料[3] をもとに作成。

COLUMN
コラム 11
環境放射線のモニタリングに従事して

国立研究開発法人日本原子力研究開発機構
斎藤公明

　筆者は 30 年以上前に日本原子力研究開発機構の前身の日本原子力研究所（原研）に入所してからずっと環境放射線測定・評価の研究開発に従事してきた。当時，原子力は将来のエネルギー源として嘱望されており，学生時代には原子炉物理の研究室において原子炉に直接関係のある研究を行っていたが，将来，原子力の安全性が問題になりそうな予感があり，環境研究に従事したいと希望した。幸運にも環境放射線測定の第一人者で，高精度線量測定の基本として現在も広く使用されている G(E) 関数の開発者である森内茂さんのグループで研究を行うことができた。

　当時はまだのんびりした時代で予算は少なかったが精神的には余裕をもって研究を進められたと記憶している。環境放射線の測定装置・手法を開発し，これらを用いて様々な環境での空間線量率や環境放射線の特性を調査した。事故による汚染はなかったため，自然放射線を対象とした測定が主要な課題であった。都市環境で空間線量率が様々に変化する現象を調べたり，積雪による地殻 γ 線の減少傾向を定量的に明らかにしたり，家屋内の空間線量率の測定をしたり，富士山に登ったり逆にあぶくま洞に潜ったりして宇宙線の観測も行った。

　1979 年には米国でスリーマイル島原子力発電所事故が，1986 年には旧ソ連でチェルノブイリ事故が起きた。よくあることではあるが，これらの事故によりそれまで細々と続けてきた研究の予算が急に潤沢に配布されることとなった。スリーマイル島事故の後には航空機モニタリング技術の開発を行い[1]，その技術の一部は原子力安全技術センターのシステムに受け継がれたはずである。

　チェルノブイリ事故の後には，チェルノブイリ国際研究センター（CHECIR）との共同研究という形で現地調査を毎年行い，現地での環境放射線の測定により空間線量率分布や汚染環境における環境放射線の特徴を調べ，汚染マップを作成し

ウクライナにも提供した[2]。チェルノブイリでは汚染地帯に非合法で居住していた住民の家を回って測定を行ったが，当時の住民はソ連やその後継の政府からの情報は全く信用をしない状況で，我々が測定結果を知らせると大変喜ばれた。住民の方にはどこでも大歓迎していただき，サマゴンと呼ばれる自家製のウォッカや，搾りたてのヤギの乳，庭で採れた野菜のスープ等をご馳走になった。日本に帰ってからの体外計測では明確なセシウムのピークが観察されたが線量的にはたいしたことはなかった。走行サーベイや航空機モニタリングも当地で実施した。

　喉元過ぎればの例えの通り，事故の直後には大きな予算が配布されるがそれが一段落すると環境放射線測定研究の必要性に対する認識が徐々にうすれ，残念なことに環境放射線測定の研究を担当するグループはやがて消滅することとなった。この研究グループが継続して技術がきちんと検証されていれば，福島原発事故後の環境測定にもっとスムーズに対応ができたのではと感じている。同グループの長岡鋭さんがよく言われていた「環境研究は保険のようなもので，何もない時にはあまり役には立たないが，何かあった時に活躍する技術を継続して研究しておく必要がある。」との言葉がまさに当てはまると思う。他を見ても，継続して実施してきた核実験由来の放射性核種の調査の知識が福島原発事故由来の核種を弁別するのに役に立った等の例がいくつもあり，環境研究は細々とでも続けることが大切であるとつくづく感じている。

　その後私自身は生命科学研究の取りまとめ役等を務め，静かに定年を迎えると思っていたが，退職を1年後に控えた2011年の3月に福島原発事故が起きた。直後に立ち上げられた福島対応の組織に異動となり，チェルノブイリ等で培った技術や経験を活かして環境調査を行わなければならない事態となった。

　大学等の研究者からのボトムアップの提案と国の方針が合致し，大規模環境調査（マップ調査）が2011年6月に開始された。福島周辺の約2,200地点で合計1万を超える数の土壌試料を採取し分析を行い土壌沈着量マップ及び空間線量率マップを作成した。このような大きな規模の調査を事故直後に開始できたのは，基本的なアイデアを出し迅速に準備を進めた研究者の方々，それに予算をつけてプロジェクト化した役所の方々，測定に協力いただいた地方自治体や住民の方々，土壌採取や試料測定に協力いただいた数百名におよぶ協力者の方々，その他多くの方々の協力の賜物である。本調査の結果をまとめた論文[3]は，Journal of

Environmental Radioactivity の Most Downloaded Paper の上位に 1 年近くランキングされており，得られた知見が広く利用されていることは素直に嬉しい。

　マップ調査では当初は走行サーベイの予定はなかったが，チェルノブイリ等の経験で走行サーベイの有用性を実感していたため，調査に走行サーベイを加えることを提案した。事故直後の 6 月の時点で KURAMA が完成しており[4]，しかも 6 台の KURAMA を京大と福島県の好意により調査に使用できたことが非常に幸運であった。時間がなかったこともあり，計画はおおまかに立てたまま調査を開始した。毎晩，二本松のホテルでミーティングを行い，サーベイの結果をパソコンの画面で眺めながら次のサーベイ予定の検討や経験の共有を図った。ミーティングでは調査の協力者や KURAMA の開発グループから積極的な提案が毎回行われ，これをもとに適切かつ柔軟な対応をとることができた。空間線量率の高い地域が中通りから南西方向に伸びている結果を見て，栃木県や群馬県まで走行サーベイを延長し，汚染状況を明らかにした。KURAMA の持つリアルタイムでの知識共有機能を十分に活かした柔軟なサーベイが，参加者の協力で実施できた[5]。

　その後，第 2 次調査で導入した KURAMA-II と地方自治体の方々の協力で，東日本の広域にわたる走行サーベイによるマップ作成を短時間で行うことが可能となった[6]。KURAMA で得られた広域にわたる大量のデータは，空間線量率の分布及び経時変化の特徴を明らかにするために使用され，ここで得られた知見は，空間線量率の予測モデル開発にも役立てられている[7]。また，KURAMA-II を公共のバス等に搭載し連続で福島県内の空間線量率を測定して公表する情報公開システムも福島県，京大，原子力機構が協力して実現した。

　走行サーベイは環境放射線測定の非常に有効な手段であるが，走行サーベイのみで必要な環境データが全て取得できるわけではなく，航空機モニタリング，サーベイメータを用いた定点での測定，歩行によるサーベイ等を組み合わせて使用しデータを比較・解析することで汚染の全容が明らかになることも付け加えておきたい。

　私自身のことでは，昔モンテカルロ計算で求めた NaI(Tl) 検出器の応答関数に基づいて作成した G(E) 関数[8]が組み込まれたサーベイメータが標準的な測定器として用いられたり，国際放射線単位測定委員会（ICRU）の報告書にまとめた Ge 検出器の in situ 測定結果を解析するための基礎データや線量換算係数[9]が活

COLUMN

用されてきたことは研究者としては有り難いことであると感じている。一方，福島原発事故がなければこれ程使用する必要がなかったことを思うと複雑な気持ちもある。

　繰り返しになるが，環境研究を継続して実施しその技術や経験を継承していくことが必要であることを福島原発事故は再認識させてくれた。今回，事故の中で構築した環境モニタリング技術やそれを使用して得た知識や経験は学術的な面から実用的な面まで含めて様々な形でドキュメント化して後世や世界に向けて発信していくことが不可欠である。

図1　2011年6月　調査の様子

原子力安全基盤科学 ❸——放射線防護と環境放射線管理

第5章

原子力利用の安全基盤としての放射線管理(学)
——将来に向けて

原子力基本法の定義に従えば,「原子力」とは原子核変換の過程において原子核から放出されるすべての種類のエネルギーである。したがって,原子力発電だけでなく放射線や放射性同位元素（RI）の利用もまた,広い意味での原子力利用である。現在,科学研究や医学など多様な分野で放射線やRIの利用が活発に進められているが,社会的な関心や環境負荷という点では原子力発電に比べると大きくはない。これに対して,原子力発電を含めた核燃料サイクルが経済や社会に与えるインパクトは極めて大きく,放射性廃棄物として出てくる放射能量も格段に多い。現時点で,原子力利用における放射線管理や放射線安全というと,社会や環境へのインパクトという点からも,^{235}U（ウラン-235）の核分裂エネルギーを用いる原子力発電を中心とする核燃料サイクルを中心に考える必要がある。

　本章では,放射線防護・管理の原則について現在の世界的なコンセンサスを紹介し,その倫理的な背景について見ていく。次に,原子力利用（主として原子力発電と再処理）の環境倫理的な問題点（図5-1）について考察し,放射線管理の面からみた安全確保の難しさについて述べる。最後に,東京電力福島第一原子力発電所事故を対象とし,原子力の安全基盤として必要な放射線管理について考察するとともに,核変換による有用元素の商用利用や原子力による水素製造等の新しい原子力利用の進展についても視野に入れながら,基礎・基盤的な科学研究としての放射線管理学のあるべき方向性について考えてみたい。

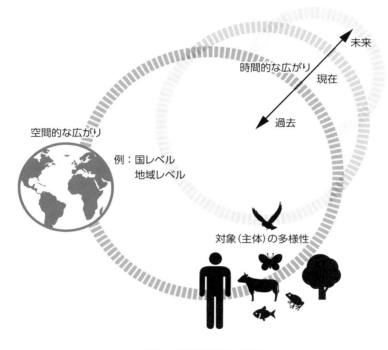

図5-1　環境倫理学の特徴

5-1 放射線管理・防護の国際的なコンセンサス

　放射線管理・防護は放射線の利用の初期から重要な課題として取り扱われてきた。各国独自で研究や開発が進められるとともに，国際的な組織が結成されて，検討が行われてきた。ここでは，現在の放射線防護・管理に関する国際的な組織やその考え方を見ていくこととする。

5-1-1　放射線防護の基準策定に係わる国際的な組織

　レントゲンがX線を発見した1895年からわずか3か月後に，X線によって人の皮膚に紅斑が生じることがアメリカで報告されている。その後，X線

の利用が進むにつれてこのような確定的影響（組織損傷）は多く発生したが，当時の放射線の利用者（多くは医師や研究者）はその健康影響についてはさして懸念を持たずに使用をつづけた。X線の照射により皮膚がんが生じることが初めて報告されたのは 1902 年であり，徐々に悪性腫瘍などの致死的な健康影響が生じることが認識され始めた。1925 年に第 1 回国際放射線学会議（ICR: International Radiology Congress）がロンドンで開催され放射線の防護に関して検討することの必要性が議論され，1928 年の第 2 回会議で，現在の国際放射線防護委員会（ICRP: International Commission of Radiological Protection）の前身である X 線ラジウム国際防護委員会（IXRPC）が設立された。その後，ICRP は，その時々の最新の科学的知見や社会動向の変化を取り入れて，放射線防護に関する勧告を行い，放射線防護の理念と原則について国際社会に助言してきた。防護体系全般に関して行われた勧告は「主勧告」とよばれ，1958 年の出版物（Publication 1，以下 Publ.1 のように表記）以来，2007 年の出版物（Publ.103）まで 6 回の主勧告がなされている。これ以外の勧告は，主勧告を補足する，あるいは特定の放射線利用に関して詳細に解説することを目的としている。

　このように放射線防護に関しては ICRP という学術団体が国際的な機関として長く活動してきたのに対し，原子力利用に関しては，平和的・商業的利用に対する関心の増大とともに，核兵器の拡散に対する懸念が強まり，原子力は国際的に管理すべきであるとの考えが広まった。国連では，1953 年の総会におけるアイゼンハワー米国大統領による原子力平和利用に関する演説を直接の契機として，国際原子力機関（IAEA: International Atomic Energy Agency）創設の気運が高まり，1957 年に IAEA が発足した。現在，IAEA は原子力の平和的利用の促進と，原子力の平和的利用から軍事的利用への転用防止を目的に，154 か国が加盟して，様々な活動を行っている。

　また，IAEA の設立と同時期に，核実験による放射性物質の環境への放出などの増大があり，健康への影響が懸念されることから，1955 年の国連総会において，「原子放射線の影響に関する国連科学委員会（UNSCEAR: United Nations Scientific Committee on the Effects of Atomic Radiation）」が設置された。UNSCEAR は国連加盟国から各国の自然・人工放射線のレベルや放射線の

健康影響の推定根拠となる科学的知見等の情報を収集・集約して，定期的に国連総会に報告を行うとともに，詳細な報告書を刊行している。現在の加盟国（2010年4月現在）は日本，米国，ロシア，中国，英国等21か国であり，ICRPをはじめとする国際的な機関に放射線の線源と影響に関する科学的な知見の提供を行っている。

この他，国連組織としては国際労働機関（ILO: International Labour Organization）や国際保健機関（WHO: World Health Organization）などもその活動目的に沿って放射線防護に関わる活動を行っている。また，国際放射線研究会議（International Congress of Radiation Research）や国際放射線防護研究学会（International Radiation Protection Association）など多様な学協会が科学的な側面から放射線防護に関わる研究や提言を行っている。

これらの放射線防護に関わる組織の相互の関係を模式的に示せば，図5-2のようになる。放射線防護に関する研究や実務上の経験・知見は，各国の関連学協会等で発表されるとともに，国際学会等で発表される。国連のUNSCEARでは，そのような科学的知見を収集分析し，国連総会に報告する。ICRPはこのUNSCEARの報告書や学協会で発表される科学的知見を参考にして放射線防護の理念や原則を議論し，勧告として公表する。原子力に関わる放射線防護に関しては，IAEAがICRPの勧告などを参考にして，安全基準や技術指針を策定して各国の関連機関に提示する。そして，このようなICRPやIAEAの勧告や提言を参考にしつつ，各国の関係機関はそれぞれの国の実情に応じた形で放射線防護の方針を決定して，法律や規則等に取り入れていくのである。

5-1-2 放射線防護の対象とその考え方の変遷

レントゲンのX線の発見以来，そして放射線が人類にとって有用であると同時に人の健康に影響を及ぼすことが認識されて以来，放射線から人の健康を守る「放射線防護」の措置が取られてきた。しかし，放射線防護の目的や対象，実施する方法などの実際の進め方は，社会的な状況の変化をうけて変わってきている。放射線防護に関する考え方や方針の変遷を概観しておくことは，原子力利用における放射線安全管理のあり方を考えるうえで重要であ

第 5 章 原子力利用の安全基盤としての放射線管理（学）——将来に向けて

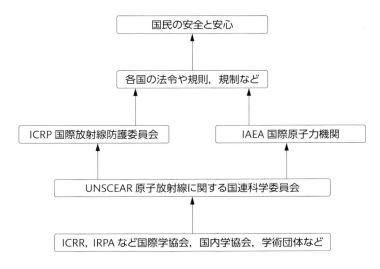

図5-2 放射線防護に関わる組織・機関の概要

る。ここでは放射線防護の中心的組織ともいうべきICRPの勧告を例にとって，放射線防護の体系がどのように変化してきたかについて述べる。

ICRPが設立された1928年に，ICRPは遮蔽の必要性，作業時間の制限の必要性，適切な作業環境の重要性を述べ，現在の外部被曝に対する放射線防護の基本である「距離，時間，遮蔽」を明確にした。また，作業者に対する被曝線量限度が勧告されたのは1934年である。このようにICRPの初期の勧告は，放射線医療従事者を対象として「職業被曝」から作業者を防護し健康障害を未然に防止することが目的であった。放射線防護の対象は職業人であり，その防護のための基本的な措置・対応方法が明らかにされたのである。1950から1960年代には核兵器の大気圏内実験が行われ，放射性降下物による環境の汚染が広がった結果，一般公衆も放射線防護の対象となり，被曝形式に内部被曝が新たに加わってきた。このため1954年には内部被曝を防止するための作業環境中の最大許容放射能濃度が勧告され，1958年の出版物（Publ.1)[1]として公表された勧告では，それまでの職業人に加えて公衆に対する線量制限が勧告されている。すなわち，1950〜60年のICRPの勧告は，

201

内部被曝への対応と一般公衆も視野に入れた放射線防護体系の確立といえる。

　1977 年に出版物（Publ.28）[2] として出された勧告は，我が国をはじめ多くの国が法令などの基本としている勧告である。使われる単位が国際単位（SI）に統一され，放射線の健康影響を確率的影響と確定的影響に分けることとし，確率的影響の評価には放射線リスクを定量的にあらわす必要があることから，現在広く使われている実効線量と同じ意味の実効線量当量が導入された。内容的には，放射線の遺伝的影響や癌などいわゆる確率的影響には，受けた放射線の線量と影響発現の間にしきい値を持たない線量効果関係があるという放射線防護への適用のための仮定を設定した上で，それを強く意識し，許容線量の概念もリスクと便益とのバランスに基づいた概念を採用した。また，従来，放射線作業者（職業人）を中心に考慮していたが，一般公衆への配慮が従来に比べれば大きくなったのもこの勧告の特徴である。したがって，現在，わが国の放射線障害を防止するための法体系やその基本的な考え方である「確定的影響の発生を防ぎ，確率的影響をリスクの観点から合理的なレベルに抑える」という考え方がこの時期に確立されたと言える。

　その後の，1990 年勧告では，放射線利用により被曝を増加させる行動「行為：Practice」と，被曝を軽減する行動「介入：Intervention」の考え方が取り入れられたことが特徴である。「行為」とは，その利益をもたらす行為を阻害することなく安全に実施できるように規制することであり，「介入」とは，事故時などにおいてはその損害を適切に軽減するための措置であるとした。さらに 2007 年勧告では，防護計画を立てる時に既に存在する線源の影響や，事故などの後の復旧期で，「平常時よりは高い被曝（現存被曝状況）」への対策も加わり，「平常時」「緊急時」と併せて 3 つの被曝状況に対する防護体系が提唱されている。

　以上述べてきた ICRP の主勧告における放射線防護に関する考え方や方針の変遷は，放射線防護・管理の分野に特有なもの，あるいは ICRP 独自のものではない。他の環境問題や公害に対する社会的な理解や対応，さらには，広く個人の権利や幸福に対する考え方の変遷とも一致している。ICRP が創設された 1928 年から 1950 年の間は，職業人を対象にした線量限度の設定が管理の主体となっていた。放射線の利用は，一般公衆における被曝を懸念

しなければならないほどに広がっておらず，放射線の防護・管理は，放射線の使用を生業とする職業人に対して，障害が起こらないことを求めるにとどまっていたのである。1950〜70年代は，先進国における鉱工業の発展に伴い公害や環境問題が頻発し，最大多数の最大幸福という功利主義的倫理感によって，経済が優先され，個人の幸福よりは社会全体の利益に関心が高まっていた時代背景があった。放射線防護・管理の分野においても，社会全体の利益と費用対効果が重要視されていたと言える。また，放射線の利用の拡大や，原子力産業の発展に伴う環境放射能による被曝の問題の顕在化に伴って，職業人だけでなく一般公衆も防護や管理の対象となったのもこの頃である。その後1980年代に入ると，社会の発展や利益に対して，個人の利益や幸福が重視される流れが強まり，放射線防護・管理においても，ALARA原則（後述）に基づき，個人の被曝線量の最適化の重要性が認識されるようになってきた。経済万能主義から，個人の利益や生き方の尊重といった個人主義が社会全体にも広がってきたのである。このような社会的な動きを受けて1990年勧告では，防護の最適化の手段に用いる指標として，特定の線源ごとにその被曝線量を制限する「線量拘束値（dose constraint）」が導入された。被曝線量の限度を一律に線量限度だけで規定するのではなく，線量限度という大枠を決めたうえで，さらにその個人の活動に応じて，また特定の線源ごとに線量拘束値を決めて，きめの細かい線量管理が求められるようになった。その後，チェルノブイリ原子力発電所4号機事故をはじめとする原子力・放射線施設での事故，ラドンなど既存の放射線源による被曝，宇宙船や航空機への搭乗による被曝線量の増大など，人類の活動の進展に伴って多様な放射線被曝の状況が生まれてきたことから，2007年勧告では，最適化の概念が平時（計画被曝状況）のみならず，緊急時と現存被曝状況にも拡大されたのである。

5-1-3 放射線防護の基本原則

　放射線の確率的影響の概念と，LNTの線量効果関係がしきい値のない直線であるという仮説は，当然のことながら，できるだけ不要な放射線には被曝しないほうが良いという考え方を導くことになる。ICRPは1958年の出

版物（Publ.9）[3] において，ALAP（As low As Practicable）の原則を提示した。この原則は放射線による白血病やがん，遺伝的影響については，しきい値の有無が不明であるので，「被曝線量は実用可能な限り低くすべきある」（doses be kept as low as practicable）という考え方にもとづいている。その後，Practicable の意図するところがやや不明確であることから，1973 年の Publ.22[4] では，ALARA（As Low As Reasonably Achievable：合理的に達成できる限り低く）に変更された。つまり，放射線被曝は社会的，経済的要因を考慮に入れながら合理的に達成可能な限り低く抑えるべきであるという基本精神が明確にされたのである。

1977 年の ICRP 基本勧告（Publ.28）[2] では，ALARA に加えて三つの放射線防護の基本原則が明記された。すなわち，(1) 行為の正当化，(2) 防護の最適化および (3) 個人の線量限度である。この基本原則は，それまでの勧告においても取り上げられているが，この基本勧告で改めて 3 原則として明記され，その後も，重点の置き方や解釈に多少の変化があるものの，放射線防護の具体的指針として現在まで尊重されている。

行為の正当化（Justification）は，放射線被曝は不必要に受けるべきでなく，受けることによる利益が十分に見込まれるときにのみ許されるという原則である。ICRP の出版物（Publ.103）[5] では，新たな放射線源の導入あるいは放射線源の低減は，そのことにより生じる損害を offset（埋め合わせ）できるだけ十分個人または社会の利益が達成されなければならないとされている。医療被曝のような場面では，この原則は容易に理解できよう。例えば X 線 CT のような放射線検査を受けるか受けないか，それは受けることによる患者や社会の利益が，放射線被曝による損害を上回っていなければならない。

防護の最適化（Optimization）は，上記の ALARA の考え方に基づき，被曝量を合理的に達成できる限り低く保つことができるような措置を講じるべきとの原則である。被曝を伴う行為が正当化されたとしても，実際に行為を行う際には，合理的に達成できる限り低い被曝線量となるようにしなさいということである。では，「合理的に」とはどの程度か。ICRP は合理的か否かを費用－便益分析によって判断することを推奨している。1977 年勧告では，被曝によって生じる健康損害の金銭的価値と防護のために要する費用との費

表5-1 ICRP 2007年勧告における線量限度（計画被曝状況）

	線量限度
一般の人	1 mSv/年間
放射線従事者	100 mSv/5年間 但し一年間で 50 mSv を超えない

用－便益分析により合理的な防護措置が決まるという考え方を提示している。その後も，より精緻な費用－便益分析の手法を示すとともに，金銭的費用で表せない社会的要因の取り扱いについて勧告を行っている。しかし，結局のところ，次節で詳しく検討していくが「社会的，経済的要因を考慮して合理的」という点での判断は，各国の規制機関や最終的には国民の総意に依存している。放射線への被曝線量を低減しようという努力が，その効果に対して不釣り合いに大きな費用や制約，犠牲を伴う場合には，合理的でないとみなされるというこの原則は，福島第一原子力発電所事故後の対応において混乱をきたす一因となったと筆者は感じている。

　基本原則の3番目として紹介する線量限度とは，古くは最大許容線量とよばれ，1977年の ICRP の主勧告では実効線量当量限度，1990年勧告からは線量限度と呼ばれている。線量限度は個人が受ける放射線被曝の限度を定めたものであり，ICRP の最近の勧告（2007年の Publ.103）[5]では，表5-1の線量限度が勧告されている。線量限度は，最適化によりできる限り放射線への被曝は少なくした方が良いが，その際の目安としての限度値を示したものである。職業人に対する線量限度は，他の職種において就業上遭遇する危険度（リスク）との比較検討から設定されたものである。限度という言葉から，この線量を超えると何らかの放射線障害が発現するしきい値を連想する人もいるが，あくまでがんや白血病による致死と遺伝的影響の確率的影響のリスクから設定されたものであることに留意する必要がある。この線量限度の原則は，個人は社会的に受容可能な範囲を超えてリスクに曝されない権利を持つという認識に基づいており，一定の同様な条件下に置かれた個人は平等に扱われるべきという，平等主義的正義の倫理原則に適合した考え方である。

線量限度に付随して，1990年勧告からは線量拘束値が提案されてきている。これは，個人全体としての線量限度を定めるとともに，その枠内で線源ごとに（被曝の種類ごとに）線量拘束値を決めて，より細かく管理しようというものである。これは放射線の利用が多方面に広がり，また，対象が一般公衆に広がったことにより，従来の職業被曝のように一つの放射線業務によって受ける放射線被曝のみを制限していればよいというのではなく，多数の放射線被曝の機会が生じる場合も多く，それぞれに線量拘束値を定めて，その合計が線量限度を超えないようにするという管理が必要になってきたことによる。

　なお，線量限度に関しては，新たに放射線被曝が生じるような場合，すなわち，放射線への被曝がコントロールできる状況下で，どの程度の防護が必要か，最適化を考慮するような場合（これをICRPは計画被曝と呼んでいる）に適用され，すでに被曝が存在する状況（現存被曝）や事故などの緊急時（緊急時被曝）においては，一定の限度を定めてもそれに対応することが難しいことも多いことから，それぞれの被曝状況に対して参考レベルを設定して防護の方策を最適化することが適切としている。

5-2　福島第一原子力発電所事故と放射線防護・管理

　福島第一原子力発電所事故とその後の対応については，様々な機関・団体で検証が行われてきている。東京電力福島原子力発電所における事故調査・検証委員会報告書（政府事故調），東京電力福島原子力発電所事故調査委員会報告書（国会事故調），福島原発事故独立検証委員会調査検証報告書（民間事故調）は，そのような調査・検証報告書の代表的なものである。また，極めて多数の個人や団体が，この事故とその後の対応についての意見，今後への課題，あるいは様々な提言を行っている。我が国の放射線防護・管理に関する専門家集団である日本保健物理学会は，事故調査報告書をもとに，福島原発での事故とその対応を詳細に調査検討し，課題を抽出するとともに，今後に向けての提言を行っている。

　本節の目的は，このような広範で網羅的な調査・検証から，具体的な問題

点や課題を抽出してそれに対する対応を明らかにすることではない。包括的な調査・検証の結果については上記の報告書を見ていただき，また，今後に向けての提言などについては関連学会が行っている包括的な提言を参照いただきたい。ここでは，2，3，4章で述べてきた環境放射線（能）レベル，放射性核種の環境動態および放射線の健康影響に関する現状の知識や情報をもとに，福島原発事故における放射線防護・管理の実状を環境倫理や放射線防護の原則といった側面から論じることとする。

5-2-1 ALARAの精神と避難

放射線防護・管理の基本的な方針である「ALARA（As Low As Reasonably Achievable：合理的に達成できる限り低く）」の観点から，福島原発事故の対応に関して2つの事象を取り上げる。

第4章において紹介したように，原子力施設から外部へ放射性物質が放出される事故が生じた際，放出された核種や量などの放出源情報と風向や風速などの気象予測をもとに，周辺環境における放射性物質の拡散状況や被曝線量を予測するSPEEDI（緊急時迅速放射能影響予測ネットワークシステム）が整備されていた。このSPEEDIが活用されなかった点については，政府事故調をはじめ，様々なところでその妥当性について検証が行われている。概ね，政府事故調（最終）第IV章2にあるように，SPEEDIを管理する原子力安全技術センターは，文部科学省の指示に基づき3月11日の事故発生以来，1 Bq/hの放出があったと仮定した場合の1時間ごとの放射性物質の拡散予測を関係機関に送付し，その情報は避難方向等の判断に有用なものであったが，実際には全く活用されなかったというのが評価である。

SPEEDIについて重要な論点は2つあると考えている。第一は，放出源情報がない状況での拡散予測だけの情報が有用であったか否か，第二は，その公表によって別のリスクを誘起しないかという点であろう。筆者は，拡散予測のデータは，避難計画の立案に活用できただろうし，それによって避難の方向やタイミングが調整され被曝線量の低減に役立ったと考えている。また，避難以外にもモニタリング地点の選別，救援活動のための入出域の判断にも利用可能であったと思われる。では，公表することで不都合はあったか？

拡散方向を明示することで，避難方向が限定されるなどして混乱をきたしたのではないかとの指摘がある。しかし，指摘は避難の状況を見れば，的を得ていないことが分かる。1市4町2村では，政府からの避難指示の連絡を受信せず，あるいは政府からの避難指示が出る前に，報道等によって自らの判断で住民に避難指示を発令している（国会事故調，第4部 4.2.2.）[6]。自治体や住民は，不安や混乱の中でも冷静に避難を進めていた。この時に，天気予報で光化学スモッグ注意報が発令されるがごとく，「3月11日から12日は原子力発電所から放射性物質が放出された場合，海側に拡散することが予測されます」という情報が流れたとしても，避難に支障をきたすことはなかったはずである。

　SPEEDIは有効に利用すべきであったと言えるし，政府事故調報告書やその他のさまざまな調査・検証でも概ねそのような評価をしている。では，なぜSPEEDIは活用されなかったのか？　住民の避難指示に関わり，SPEEDIの情報を受け取ってはいたが，その利用に思いが至らなかったのは，政府の関係者の頭に，ALARAの基本原則がなかったからではないのか。住民の被曝線量を「できる限り低く（ALA）」という意識が希薄であったのではないか。

　ALARAの原則に関連して，もう一つの事象を取り上げたい。それは病気の方，あるいは高齢者に対する対応である。事後直後，避難指示を受けて，避難区域にある病院では入院患者の避難を進めたが，情報や輸送手段の不足に極めて苦労され，残念なことに避難の過程で病状が悪化して亡くなられた方も多かったということである。国会事故調の報告書（第4部 4.2.3）では，「避難区域とされた半径20 km圏内では，病院の入院患者など自力での避難が困難な人たちが取り残された。震災直後の混乱の中，これらの病院には行政からの十分な支援がなされず，医療関係者らは独力で避難手段を探し，（中略），通信手段が限られ十分な情報も入手できない状況の中，入院患者の避難は困難を極め，避難の過程で病状が悪化，または死亡する事例が続出した。（後略）」という。同様な事態は，病院でなく特別養護老人ホームのような高齢者の施設でも見られたと聞く。避難中に，あるいは慣れない避難先で体調を崩された方も多く，避難先での高齢者の死亡率が有意に高くなったとの報告もある。亡くなられた方やそのご関係者の悲しみ，また，避難にあたってご苦労され

た医療関係者の方の心情を察すると，言葉もない。避難を指示した行政側，それを受けた病院側，ともに情報手段が限られている状況下でできる限りのことをされたのであると思う。

　放射線防護・管理の立場からいえば，事故前からALARAのなかのRA，すなわち，合理的に達成できる（Reasonably Achievable）レベルを十分に検討しておく必要があったのではないか。重症患者や高齢者に対して，地震と津波，原子力発電所の事故で混乱している中，避難を指示することが「合理的に達成できる」ことであったのか，強い疑問を持たずにはいられない。政府事故調（最終，Ⅳ-1-(2)）[7]では，「重症の老人患者の多かった大熊町の双葉病院で，避難バスによる長時間かけての無理な行程などから，死亡者が続出したという悲劇も発生した」と述べ，その原因を避難・救援に当たる自治体の体制の不備とし，今後の緊急時の体制の強化・改革を求めている。国会事故調（第4部4.2.3）[6]においても，「本事故による避難指示が患者に過大な負担を強いた原因として，このような原子力災害への備えの欠如がある」とのみ指摘し，避難自体が「合理的」であったのかについての検証はされていないようである。別の言い方をすれば，実効線量Svは，第4章で述べたように，10年先，20年先に晩発性に現れるがんや白血病のリスクに基づく線量単位である。原子炉サイトの事故現場の作業員ですら緊急時被曝限度の100 mSvが担保できるような状況での避難指示は，合理的に達成できる範囲を超えた放射線量の低減策であったのではないか。避難方法や収容先などについてもう少し時間をかけて検討し，避難の妥当性，合理性を考慮して避難方法を決めるような指示が出されていても良かったのではないか。ALARAの精神のALA（できるだけ低く）が先行し，RA（合理的に達成できる）について考慮した避難指示が出せなかったのではないか，疑問を感じるところである。

5-2-2　行為の正当化──利益と損害

　放射線被曝が許されるのは，被曝により生じる損害をこえて被曝する人に利益が生じるときである。5-1-3で述べたように，この行為の正当化は，放射線防護・管理の基本原則である。はじめに明確にしておくべきことは，福島原発事故にともなう一般公衆の放射線被曝は，正当化されないということ

である。福島原発事故は人災であり，「行政や事業者による原子力安全確保への取組不足や怠慢，適切な判断を欠いた危機対応力の弱さ，原子力関係者や組織による取組の弱さ，当事者の資質や能力の不足，などの"人的問題"によって発生し拡大したものであり，要するに，原子力関係者や組織の姿勢が適正であれば，ここまでの最悪の結果には至らなかった」のである。

しかし，次に出てくる疑問は，正当化されない被曝であったとして，その程度は，その内容はどのようなものであるか，どのような点でこの被曝は特に正当化されないのか，というものである。この疑問に答えようとするとき，次節でのべる環境倫理から見た原子力利用の問題点が浮き彫りになってくる。放射線被曝を受けた方は，事故による被曝によって何ら利益を得ていないのは明白である。だが，例えばその前の世代はどうであったか，いや，被曝を受けた方自身でも，事故の前には原子力発電によって作られた電気の恩恵を受けていたのではないか。そもそも日本の経済の発展の幾ばくかは，原子力発電のお蔭であったという意見も出てくる。

一方，損害についてはどうか？　極めて極端な人は，福島の事故で直接に放射線被曝が原因で死亡した人はいないことをあげて，放射線被曝の損害は少ないと言う。今後，慎重かつ詳細なフォローアップが必要ではあるが，3章で述べたように，「がんによる致死」を損害の指標とし，これまで報告されている被災された方の被曝線量から類推すれば，統計的に有意ながんによる死亡が将来にわたって増加してくる可能性は少ない。しかしながら，実際に極めて多数の住民の方が被害を受け，その被害が今も続いているのは明らかである。損害の指標を何にとるのか，そしてその金銭的価値はどの程度であったのか，難しい判断が必要になってくる。

行為の正当化という基本原則自体に問題はないとしても，すくなくとも原子力利用を今後進めていくにあたって，行為の正当化を判断する具体的な方法や手続きについて国民的な議論と合意形成を進めていくことが必要である。現在，原子力発電所の新しい規制基準に基づく審査が行われ，一部の発電所では再稼働がはじまっている。原子力規制委員会は，工学的な安全面について審査を行い一部の原子力発電所については再稼働を認め，これに基づき複数が再稼働に向けて準備を進めている。しかしながら，通常の運転時におい

ても周辺住民は，原子炉から放出される放射性物質により有意な放射線被曝を受けるし，事故時には福島の実例が示すように明らかな放射線被曝を受けることになる。そのような放射線被曝が「正当化されるのか」「利益が損害を上回るのか」そのような議論が関係者，マスコミ，国民の間で十分に尽くされ，納得いく回答が示されているとは思えない。

5-2-3 最適化の目標点

　放射線防護・管理の基本原則である「防護の最適化（Optimization）」は，ALARAの精神にのっとり，防護措置を最適化して被曝線量を低減することを求めたものである。ICRPはその手法として，費用－便益分析を提案している。ある集団に対して放射線被曝がもたらされるような行為をするかしないかを判断するとき，例えば50～70歳の国民全員に肺がんの有無を調べるために被曝線量が10 mSv／回，1人当たり1万円の費用が発生するX線CTの検査を義務化するか否かを決定する場合を考えよう。このような状況では費用－便益分析による最適化は重要であり，事実，過去の放射線による健康診断の実施の有用性もこのような費用－便益分析に基づいて決められてきた。

　では，事故により放射性セシウムで汚染された小学校の校庭をどこまで除染することが，合理的に「防護の最適化」を行ったことになるのであろうか。政府事故調をはじめとする調査委員会も，学校等の校庭における放射線量の基準設定の経緯や経過について報告している。しかし，どのような関係者の議論を経て，合理的な最適化を行うにはどこまで除染すべきかが決定され，またそのような決定の過程が適切であったかは，調査・検証を行っていない。

　ICRPは事故などの緊急時における被曝に対する参考レベル（次節でも説明するが，計画被曝における線量限度に相当）を20～100 mSv/年，事故収束後の参考レベルを1～20 mSv/年と勧告している。4月9日に文部科学省はこの事故収束後の参考レベルの1～20 mSv/年の上限値の20 mSv/年を目安とすることを原子力安全委員会に提案し，原子力安全委員会は①限定的に用いること，②外部被曝と内部被曝を合わせて上記の値にすべきであることを助言した（国会事故調4.4.4）。しかしながら，文科省は内部被曝の寄与は

211

少ないとの立場に立ち,外部被曝のみで 20 mSv/ 年に相当する 3.8 μSv/ 時以上で利用制限することとした。この間,文科省や原子力安全委員会,福島県や地元教育委員会が,どのようなコミュニケーションをとり,この 20 mSv/ 年を最適化の当面の目標と決めたのかは不明である。多くの調査・検証報告書にも記載がない。外部被曝と内部被曝をどのように見積もり,学校内での被曝線量と帰宅後の被曝線量をどのように割り振り,それよって想定される被曝線量によってもたらされる損害(デトリメント),20 mSv/ 年にまで線量を低減することによる利益,さらには,学校が使用できないことによる損失,そのような評価・分析が十分に行われたのか,十分な議論がステークホルダーの間で行われたのか,疑問を持たざるを得ない。政府事故調などの報告書で見る限り,政府や文科省がそのようなステークホルダー間の議論の場を設定し,納得のいく最適化のプロセスが踏まれたとは思えないのである。

その後,日本弁護士連合会や日本医師会の校庭利用に関して慎重な対応を求める声明,福島県の保護者の要請などもあり,5 月 27 日に 2011 年度に学校で児童が受ける線量を当面 1 mSv/ 年となることを目指すとして,校庭等の空間線量率が 1 μSv/ 時以上の学校については除染費用の財政支援を行うこととし,最適化の目標が 20 mSv/ 年から 1 mSv/ 年となった。この間,文科省は 20 mSv/ 年を超えない学校に対して校庭の使用制限や開校延期などの合理的に実行可能な被曝低減策を取らなかったとして,国会事故調は,「空間線量率を超えない学校についても,何らかの被曝低減措置を考慮しなかった文科省の態度には問題があったと考えられる」としている。しかしながら,筆者としては,責任は文科省だけにあるのではなく,ALARA の原則や正当化,最適化といった放射線防護・管理の原則が広く社会で理解されていなかったこと,原子力の利用を進めるにあたって,このような放射線防護・管理の重要性が十分に認識されていなかったこと,平常時・異常時を問わずステークホルダーの間で十分な議論が行われるような組織や体制があらかじめ整備されていなかったこと,そして関係者の意識的にそのような議論を日常的に行っていく努力が不足していたことが大きな問題であったと考えている。

5-2-4　線量限度と参考レベル，線量拘束値

　放射線防護・管理の基本原則として，ICRP は線量限度を勧告している。前節で述べたように，線量限度とは，あらたに放射線の被曝が生じるような場合，一般公衆の個人におけるすべての自然放射線被曝以外の被曝線量を 1 mSv/ 年以下にすべきというものである。最新の ICRP の勧告（2007 年勧告）[5]では，線量限度に加えて，最適化を進める目安として線量拘束値（計画被曝に対して），また，事故などの緊急時やすでに放射線による被曝が生じている時（現存被曝という）には，線量限度という一定の制限値は適用が難しい場合が多く，目安的な線量として参考レベルを提案している。いずれにしろ，線量限度（線量拘束値）にしても参考レベルにしても，最適化を進めるうえで，目安とすべき線量であって，「危険か危険でないか，影響がみられるか見られないか」の境界線ではない。すなわち危険と安全のボーダラインではない。福島原発事故のさまざまな社会の動き，人々の言動を見ていると，この点についての理解の不足が多くの混乱を呼んだように思える。また，一部の人の中には，意図的に線量限度が危険か危険でないかの境界線であるかのように主張し，一時的に線量限度を超えている状況に対して過度の恐怖心を煽り，そのような恐怖心を政治的に利用しようとした人さえいた。

　京都大学原子炉実験所では，近隣の市町村の一般の方を対象に原子力に関わる科学的な情報を易しく解説するための講演会を毎年開催している。2011 年 10 月には，福島原発事故もあり，放射線の基礎的な科学と放射線の健康影響についての講演会を開催した。その際，長年にわたり放射線影響に関する研究を行い，特に子どもへの影響について精力的に研究を行っている研究者を講師に招聘した。その講師の方は，年間 1 mSv，生涯累積線量で 100 mSv 程度の放射線被曝は，他の生活リスク要因（たばこや飲酒，事故など）と比べても危険なものではなく，一時的にこの平常時における公衆の線量限度を超えても心配はいらないという話をマスコミ等でしておられたので，（原子力反対派を含む）学生や一部の市民から講演会の中止の要請があった。線量限度を超える放射線被曝に対して危険でないというのは不適切であり，線量限度の被曝には大きなリスクはないとする講演者の主張は容認できず，そのような講演は中止せよというのが彼らの主張であった。もちろん前節でも

213

述べたように，最適化の目標としてどの程度の線量を設定するか（参考レベルをどの程度とするか）をステークホルダーの間で議論することは重要であり，そこには，平常時の（つまり計画被曝における）線量限度である 1 mSv/ 年やそれ以下の被曝線量を参考レベルとすべきであるとの主張があって当然である。しかし，この反対された方々の主張は「線量限度を超えた被曝は危険である。線量限度を超えることを容認することは福島県民に危害を与えることである」というものであった。このような主張は，線量限度や参考レベルの意図を曲解したものであり，いたずらに人々の恐怖心を煽り，最適化の道筋を決めていく上での妨害以外の何ものでもなかったのである。

では，福島原発事故において，参考レベルはどの程度であったのか？ 放射線防護・管理を進めるうえで最も重要なこの点は，現在でも極めてあいまいにされている。いやいや，学校の校庭での空間線量は年間 1 mSv 以下を目標に除染されてきているではないか，食品の放射能濃度規制値は年間 1 mSv 以下を達成できるように設定されているではないか，事故により汚染された災害廃棄物などは周辺住民や作業者の被曝線量が年間 1 mSv を超えないように管理すべきとされているではないか，などなど，各省庁や機関が個別に管理すべき線量限度（正しくは線量拘束値）を定めているという意見がある。しかし，事故により被災された方の被曝線量を，ある一定の値（参考レベル）に収まるようにするという全体的な目標値を関係者の議論と合意のもとに設定し，その何割が居住区域の空間線量から，その何割が食品の経口摂取から，その何割が再飛散された粉塵の吸入摂取からの線量として見込み，その値に基づいて各省庁や関係機関が種々の施策を実施することにより，効率的かつ計画的に全体としての個人の被曝線量を低減するような最適化がなされる必要があったのではないか。この間の状況を見ていると，各省庁や機関が，個別に平常時の（計画被曝における）線量限度である 1 mSv/ 年に引きずられて参考レベルを決めただけのように見える。

5-3　環境倫理と原子力利用

原子力利用が環境や生態系に及ぼす負荷や影響については，利用が始まっ

た当初から多くの議論がなされてきた。それは施設から放出される放射性物質や将来処理しなければならない放射性廃棄物の地球環境への影響といった直接的なものだけでなく，原子力技術そのものが地球環境と相いれないものではないかという懸念や不信，不安に基づく議論もあった。そしてそのような懸念や不安は，チェルノブイリ事故，東海村ウラン加工工場での臨界事故，そして福島原発事故によって，人々の目前に現れたのである。原子力技術そのものへの信頼は完全に失われ，さらには原子力発電のような巨大な科学技術自体が，そもそも制御できないものであり，安全を確保し環境へ負荷をあたえないで利用していくことは不可能ではないかという意識も人々の中で広がっている。しかしながら，このような時期であるからこそ，冷静に問題点を再度確認し，安全性の向上に必要な科学的な基礎・基盤を構築することが求められている。本節ではそのための糸口として環境倫理の視点から原子力利用の問題点について考察する。

5-3-1　環境倫理学の特徴

　何が「正しい行い」か？「善と悪」とは何を意味するのか？　倫理学は，私たちが持つ判断基準，あるいは価値観を明らかにして，その行動規範を提示してきた。私たちを取りまく「環境」がどうあるべきか，私たちは環境に対してどうふるまうべきかを問う環境倫理学は，様々な環境問題の発生を受け，いま重要かつ注目される分野となっている。人と人の関係の中の倫理，すなわち社会とそれを構成する人々を主体とする倫理に比べ，人と自然界，人と生態系の相互の関係についての倫理，すなわち環境倫理は，図 5-1 に示したように，いくつかの特徴を有している。

　その第一は，いうまでもなく，対象が人と自然環境の二面性を持っていることである。さらに自然環境は，生物から無機物質に至る幅広い範囲に広がった概念であり，環境倫理学は我々の周りのすべてのもの（まさに環境そのもの）を各人がもつ多様な価値観で取り扱うことになる。例えば，従前の倫理学で広く認知されている「最大多数の最大幸福」という功利的倫理観の対象は，あくまで人あるいは人集団であって，環境を構成する動物に，植物に，岩石に，幸福という概念が適用できる状況を明確にすることは難しい。

第二の特徴は，時間的な広がりである。我々が環境に与える負荷がある一定の限度を超えたとき，環境自体が持つ恒常性維持の機能は破たんし，環境問題が生じる。その時間軸は，人の一生をはるかに超える長いものであろう。化石燃料の使用により二酸化炭素は地球上に蓄積し，長い年月をへて地球の環境を変えていく。現在の化石燃料の使用が，何十年，何百年先の自然界の動物や植物の生存に影響を及ぼすのである。人間生活についてみれば，我々の世代で化石燃料を消費することにより，何世代かの後に，化石燃料が逼迫する事態が生じる。我々の世代の消費が，将来の世代の消費を奪うことは許されるのか。これは「世代間正義」（intergenerational justice）あるいは「世代間衡平」（intergenerational equity）の問題と呼ばれ「世代間倫理」と総称されている。このような世代間倫理の問題が生じることは環境倫理の第二の特徴である。

　環境倫理の第三の特徴は，地域間の不均衡の問題である。富める国と貧しい国，都市と農村，地域や国の間での平等が問題となる。ある地域での環境問題は，その地域に限定されず，より広い地域の，近隣国の，そして地球規模の環境問題となる。環境倫理を考えるとき，このような地理的な広がりを考慮しなければならない。

　このような環境倫理の特徴は，別の見方をすれば，地球環境がもたらす恩恵の配分の問題であるとの見方もある。すなわち，地球が有する富を，人と，動物と，植物と，そして無生命である景観や気候と，どのように配分するのか。現世代と次世代と，未来の世代でどのように配分するのか。北の地域と，東の国と，南の島でどのように配分するのか，その配分における正義はどのようなものか。自然や資源について価値や目的を比較しながら考え行動していくことで，足かせをなくし，これらを長期的視点で考えようというのが環境倫理学なのである。

5-3-2　環境倫理学から見た原子力利用の問題点

　チェルノブイリでの事故や福島での事故は，原子力技術が適切に運用されないと極めて広範囲な「環境」に大きな影響を与えることを明確に示した。倫理の対象（主体）が，人から生態系，無生物にまで至る広範囲に広がって

いることは，前節でのべたように環境倫理学の特徴である。そして原子力利用は，そのような広範な「環境」に放射能汚染を広げる可能性がある。事故によって顕在化されたが，通常の運転状態であっても多量の放射性物質が生成され，その一部は環境中へ放出され，多くは放射性廃棄物として隔離された状態とはいえ，地球環境中に汚染源として長期にわたって存在することになる。2章で述べたように，ICRPは最近になって，放射線が人以外の環境生物に及ぼす影響を評価することの必要性を認めた。しかしながら，例えば，チェルノブイリ事故で汚染された森の中，また福島の汚染された土の下で，人以外の生物が放射線による障害を受けているか否かは，誰にもわからないのである。ここに環境倫理における視点の問題が生じている。人中心主義，生物中心主義，生態系中心主義，どこに価値を置くか，倫理の主体をどのようにとらえるかが問われている。原子力利用においては，その影響が環境全般に広く及ぶことから，公害のように一事業所での問題がその周辺地域に限定されて発現するのではなく，事故が起これば地球規模での環境問題へと発展する可能性をはらんでいる。

　ウランの核分裂では目的とする熱エネルギーとともに，核分裂生成物と呼ばれる多量の放射性核種が「人工的に」生成し，その中には極めて放射能毒性が高く，半減期が数万年というものもある。環境倫理学において，世代間倫理あるいは世代間正義の問題例としてしばしば取り上げられるのが，この核放射性廃棄物の問題である。原子力を使用するとき，私たちは，なんら同意も契約も了承もなく，未来の世代に甚大な負担や影響を与える放射性廃棄物を生み出すことになる。そして，その「未来」が意味するところは，数世代いうような生易しいものではなく，何万年という人類の存亡さえ危ぶまれる遠い未来である。

　環境問題の難しさであり，環境倫理学における重要な問題である地域間格差（平等性の維持）もまた原子力利用における大きな問題点であろう。首都圏に電気を供給する「東京電力」が福島県に発電炉を設置していることは，この問題の典型例である。これまで経験してきた公害のように一事業所における問題が限定された周辺地域の環境を悪化させるという構図は，原子力利用には当てはまらない。より広範に，そして地域間の平等性が担保されない

形で，環境問題が生じるのである。地域間格差はまた，配分の問題とも深くつながっている。ある先進国における原子力利用が，後進国においてはリスクという負の配分しか与えないという地球資源の不平等な配分の問題は，地球温暖化のような他のすべての環境問題と共通である。

この他，原子力の利用には，経済的な側面の論争（費用対効果の問題），巨大科学技術の制御の困難さ，核不拡散との関連（軍事利用の問題）などがある。一部については本シリーズの他の分冊で詳しく取り扱われることから，そちらを参考にしていただくことにしたい。

5-4 放射線防護・管理学の今後の研究方向

ここまでたびたび述べてきたように，京都大学原子炉実験所の研究者は，事故発生以降，原子力技術に対する自らの関わり，事故後措置への貢献の在り方，今後取り組むべき原子力関連研究の方向性などについて，自らへの問いかけを続けて来た。原子炉実験所では，事故発生後に福島の現地に職員を派遣して被災者の汚染スクリーニング作業を行ったが，この際に実感した，住民や環境への放射能汚染の深刻さの印象は強烈なものであった。放射線や放射性物質を扱い慣れた研究者たちが，研究所での放射線安全管理のレベルを遥かに超える放射能汚染が一般環境に出現した事態を目の当たりにして，「原子力発電所が一旦放射線管理の機能を失うとかくも悲惨な事態が現実に起こるのだ」ということを，改めて実感したのであった。

原子炉実験所としても，原子力安全を科学的な視点から改めて見直すためのプロジェクト研究を開始した。プロジェクト研究では，総合討論会や国際シンポジウムの開催を通して，原子力事故や原子力の本質に関わる問題を抽出する努力を進めて来た。筆者達は，このように，事故後3年に亘って，原子力事故の問題や原子力利用の在り方，個々の研究上の専門分野での取組の強化などについて真剣に考えてきた。

本節ではこのようなプロジェクト研究の成果とそれに並行して行われてきた総合討論会や国際シンポジウムの成果にもとづいて，放射線防護・管理（学）の分野で今後どのような視点からの研究が求められているか，どのような点

に留意して，何を強化していくべきかについて述べる。

5-4-1　環境放射線（能）レベルに関する研究

4章では環境放射線の立場から見た福島原発事故のあらましや，その時のモニタリングの手法や取り組みを振り返り，今後のモニタリングで目指すべき方向性について考えた。そして，緊急時のモニタリングでは正確さより広範囲での継続的なモニタリングが重要であること，あらかじめ想定していた体制が機能しない時の柔軟な対応が必要であること，そして平時からの継続的なモニタリング活動や緊急時の状況の的確な把握や緊急時に対応できる人材の育成が重要であることを指摘した。

今後の方向性としては，平常時のモニタリングについてさらなる負担の軽減をはかり，全国規模での継続的なモニタリングを実現することが考えられる。平常時からの面的なモニタリングの継続は，福島原発事故での問題点とされている平常時データの不足を解決するだけでなく，緊急事態の初期段階の把握に極めて有効である。事故直後の短寿命核種による住民の被曝に関する情報は，十分なモニタリング体制が確立する前に短寿命核種が減衰したことで消失してしまいほとんど得られなかった。平常時からモニタリングを継続して行っておくことで，このような問題は解決されよう。さらに，福島県原子力センターでの職員教育の取り組みが示したように，モニタリングに関わる人材を継続的に育成するしくみともなりえる。現在福島で継続されている路線バス等に搭載したKURAMA-IIでの継続的，面的なモニタリング体制をベースに，平常時においても運用可能なさらに負担の少ない体制を検討するべきであろう。

また，このような方向性はSPEEDIのような予測システムを否定するものではない。予測システムには，モニタリングできない地域における汚染の推定や，計画的あるいは想定外の放出に伴う汚染の予測ができるなどの利点がある。実際に測定を行うモニタリングと，モデルを適用することで行われる予測，両者の適切な利用が必要なのである。SPEEDIのような予測システムは今後はモニタリングの一部としてではなく，モニタリングと相補的な位置付けで整備していくべきものであり，事故の際に陥った機能不全をシス

テムとしてどう克服するかの観点からさらなる開発が期待される。そして，そういう観点から，総合的なモニタリングをどのように行うかについて，より大局的な観点から議論が行われるべきであろう。これは，緊急事態が起きた時のために想定していた万全の体制による対応が思うようにいかなかった，福島での事故を反省することに他ならない。SPEEDIを例にすれば，SPEEDIが使えなかったのはSPEEDI自体の能力の問題というより，モニタリング体制のなかでのSPEEDIの位置付けが硬直化してしまっていて，現実の状況下でSPEEDIの能力を有効に活用できなかったからである。そういう意味では，KURAMAのようなシステムも，次に起こるかも知れない事故でSPEEDIが陥ったのと同じような事態に陥ることが想定される。そこで，今後の総合的なモニタリングのあり方は，いかに万全の体制を整えるかという観点だけでなく，万全な体制が取れなかった時にどのように損失を最小限に食い止めるかという観点から議論されるべきだと考えられる。福島原発事故を教訓として新たなモニタリング機器の開発も進んでいる。今後は正確性を追求するばかりではなく，不十分な状況下でも相応に機能したり，後日の再評価に資するデータを残すことを考慮した開発がなされるべきであろう。たとえば，空間線量率の測定を行うサーベイメータであれば，空間線量率の測定精度や堅牢性が問題にされることが多い。しかし，緊急時にはバッテリーが確保できず測定できない，専用規格のコネクタや専用ソフトが障害となってデータ取得が人力になるなど些細なことが大きな支障となる。さらに，空間線量率を測ることに特化してしまい，内部で得られている波高スペクトルに関する情報をみすみす無駄にしている場合もある。波高スペクトルを回収できれば，後日の解析や検出器の評価で当時の空間線量を支配する核種の情報などが得られる可能性がある。こういう観点からのモニタリング機材の整備開発も必要であろう。

5-4-2　環境中での放射性物質の動態に関する研究

　3章に記載したように，環境中に放出された放射性物質は，様々な経路を経て人に被曝をもたらすことになる。このため，環境中での挙動を把握し，人の被曝線量を精度良く評価するためには，様々な研究分野が連携し，それ

らを統合する総合的な研究をすすめるという視点が必要となる。

　事故後の対応では，放射線や原子力分野だけではなく，関連分野の多くの研究者が事故後の放射性物質の動態や環境影響等に関する調査研究に参画した。事故後5年以上が経過した現在でもまだ状況は収束しているとは言い難く，必要な研究体制を長期的な視点から確保するとともに，今回の事故での知見，経験を共有し，後世にしっかりと伝えていくことが重要である。

　現在も様々な団体や個人が環境放射能に関するフィールドでの測定を行っており，その中にはまだ公開されていないものや，査読を経た論文としては取りまとめられていないものもある。

　放射性物質の環境動態に関連し，引き続き調査研究が必要なこととして，住民の被曝線量の再構築がある。事故直後から将来に至る住民の被曝線量の推定は，住民の詳細な行動パターンや，個別の地域の特徴等を把握することによってのみ可能であり，きめ細やかな調査によってしか得ることができない。このようなデータを収集し，その内容を活用して住民一人一人のより詳細な線量再構築ができるのは，日本人の研究者グループだけであろう。早急に実施体制を作り，より詳細かつきめ細やかな線量再構築を実施することが必要である。

5-4-3　原子力の利用と今後の放射線影響研究

　放射線が人や環境に及ぼす影響を明らかにし，放射線障害の防止や医学利用につなげようとする放射線影響科学は，生物学，物理学，化学などの基礎科学を基盤とし，医学，保健物理学，環境科学などを取り入れた応用科学の一分野である。このような関連する科学分野において放射線（能）をその基軸として新たな知見が集積され，統合されて放射線影響科学として，今後の一層の発展が必要であることは言うまでもない。では，今後，原子力を利用していく上で，特にどのような放射線影響研究が求められているのであろうか？　第2～4章で見てきた福島第一原子力発電所事故の状況なども踏まえて考察する。

　確率的影響とLNT仮説は，放射線影響と放射線障害の防止という点で重要なポイントである。福島原発事故の際，確率的影響の概念を理解し尊重し

ている専門家が確率的には影響はゼロではないという意識が強かったために，明確に「影響はありません」と言えなかったことが，一般の方の不信を招いたという批判は免れない。従来の動物発がん実験で，低線量における線量効果関係やしきい値の有無を明確にすることは難しい。すでにいくつかのアプローチがなされているが，分子生物学的な手法を活用して発がんメカニズムの面からこの問題に回答を与えるような新たな研究を期待したい。

　この確率的影響の研究と並行して実施されるべき研究は，相対的なリスクに関する実験的・理論的な研究である。1 Sv の被曝のリスクが，がんによる死亡を指標とした時に 0.5 の過剰相対リスクを生じることは 2 章で説明した。では，このリスクは，他の化学物質や有害因子とくらべてどの程度のものか，また，その際に，どのような生物影響を指標とするのが適切かなど，比較毒性学というべきカテゴリーの分野で実験的研究や疫学調査が必要である。

　福島原発事故では，内部被曝については大きな影響は想定されていない。しかしながら，一般の方々は内部被曝による健康影響について大きな懸念を持った。生物影響という観点でみると，外部被曝に伴う放射線障害の発生に関する研究に比べ，依然，内部被曝に関する研究は不足している。また，対象とする核種は，プルトニウムなどの超ウラン元素などの職業環境（原子力施設）での被曝を想定した核種に重点が置かれてきた。事故後に見られたような，セシウムやヨウ素などによる比較的低レベルの内部被曝に関する研究は特に不十分である。また，摂取量から実効線量を導出する消化管モデルや呼吸器モデルに関しても，十分に精度よく線量を評価できているとは言い難い。低レベルでの内部被曝影響研究を着実に実施していくことが必要である。

　環境生態系に対する放射線影響については，これまで十分な研究が行われてこなかった。これは人を防護すれば環境生態系もおのずと防護されるという考えに基づくものであった。しかしながら，原子力を利用し，今後も，チェルノブイリ事故や福島原発事故の様な状況が発生する可能性があることを考えると，環境生態系，特に環境生物への放射線影響の研究は重要な課題である。

　本章では，原子力利用の中でもエネルギー利用，すなわち原子力発電を主な対象とし，今後の放射線管理の方向性を見てきた。しかし原子力の利用は

日々進化し，多様化している。そのような質的な変化を考慮していく事も必要である。たとえば先端研究の一つとして，軽水炉から出てくる放射性廃棄物を加速器駆動システム（ADS: Accelerator Driven Systems）とよばれる新しい中性子源や種々の加速器を用いて核変換し，有用な元素を得ようという新しい試みがある。正に現代の錬金術ともいうべきものである。このような新しい原子力利用の中で，どのような放射線影響研究や放射線管理が必要になってくるのか，そういった前向きの視点も重要である。

　最後に，教育や知識の普及の重要性とそれを進めるための教育方法に関する研究の重要性を指摘したい。福島原発事故での様々な混乱や不適切な対応を見ていると，一般社会，行政，そして原子力施設において作業する作業者でさえ放射線（能）に関する十分な知識を持っていなかったという印象は否めない。何をどのように，どの時期に教えるべきか，その様な研究や実践は緒についたばかりである。

COLUMN

京都大学から福島原発事故に関連して行われた職員の派遣

コラム 12

京都大学原子炉実験所（現 大阪大学大学院工学研究科）
藤井俊行

京都大学原子炉実験所
佐藤信浩

　ここでは，京都大学から福島原発事故に関連して行われた職員の派遣について，当時の状況をレポートする。筆者は，スクリーニング派遣に関わる様々な調整役を務め，また自身もスクリーニング活動に参加した。

　2011年3月14日，文部科学省高等教育局医学教育課大学病院支援室より，京都大学医学部付属病院を通して，原子炉実験所に福島第一原子力発電所近隣住民の被曝測定（スクリーニング）の人材派遣要請があった。原子炉実験所はこの要請に応えることを決め，直ちに現地に赴く人員の選定や派遣態勢の構築，必要な資機材の準備，事務的な手続き等の準備を進めた。同3月19日，スクリーニング支援派遣第1班4名が，支援本部のある福島県自治会館を目指して実験所を出発した。交通が麻痺し，現地の情報が十分には得られない状況の下，実験所のワゴン車に燃料，食料，毛布などを積み込んで万全の準備を整えてからの移動であった。寒空の下，車中泊になるかもしれないというのが，最初に派遣される第1班にとっての懸案事項だったが，所員の一人と旧知であった松島屋旅舘（福島市飯坂町）の皆様が快く支援班を受け入れてくださり，以降，松島屋旅舘は我々の支援活動の基点となった。

　第1班は翌3月20日よりスクリーニング支援に加わった。朝の本部全体会合において派遣先が伝えられ，現場に移動して作業場所を設営，屋内外の空間線量を測定し，準備を整える。受付を済ませた受検者のスクリーニングを行い，表面汚染密度13,000 cpm 未満の受検者に証明書を発行する。支援に関するガイドラインでは，受検者の汚染が13,000 cpm 以上の場合には拭き取り等の部分除染を行い，100,000 cpm（スクリーニングレベル）以上の場合には着替えと洗濯を勧めるよう

記述されていた。しかし，スクリーニングの目的が「住民に対する安心・安全の確保」であったことから，これらのしきい値未満の汚染に関しても，除染希望者にはその方法などをアドバイスした。同時に，汚染の程度，汚染による影響，生活上の注意などを分かりやすく説明することに努めた。

　ひとつの会場に割り当てられる支援員は数名から 10 名弱で，多いときには 300 件を超えるスクリーニングを行う。17 時に作業を終了し，19 時からの本部全体会合において，スクリーニング数，汚染程度が高い受検者に対する対処などを報告・議論し，松島屋旅館に戻った後は，飯坂の方々と懇談しながら，希望者には汚染検査を行った。

　大学からの支援活動地域は発電所から 30 km 以遠を基本としていたが，余震が続き，原子炉が冷温停止していない状況下，不安を感じながらの活動であった。熊取の実験所員は，派遣前の班員に対して，ホールボディカウンタ測定，スクリーニングのための放射線測定の練習，緊急時に備えたヨウ素剤の処方等を行い，派遣中には定時連絡に加え，福島第一原子力発電所モニタリングポストの線量と気象庁の地震情報を常時監視して，現地の班員へ情報を伝達，さらに派遣後の班員の汚染検査とホールボディカウンタ測定，未使用ヨウ素剤の回収等々，後方支援活動を行った。

　支援班は 1 班 3 〜 4 名で編成され，現地での作業を 3 日として班を交代していき，班間の情報伝達と現地での支援活動が途切れないように調整した。支援活動が総日数 20 日を超えた頃，本活動内容を知った大学院理学研究科および化学研究所の有志からの加入相談を受け，第 8 班からは，京都大学の部局間を超えた協力体制へと発展した。支援活動は第 13 班，4 月 30 日まで続き，総派遣日数 41 日，総派遣人数 38 人，総派遣人日数 215 人日の支援派遣となった。

　支援活動初期は，本来の目的通り，避難する住民に対するスクリーニングが主務であったが，数日すると汚染地域に再入域する住民のスクリーニングが増えていく。衣類は着替えるため，本人の汚染程度は低く見えるものの，乗用車の汚染程度が高い事例が現れた。さらに，本人以外の，家財，動物，車，農作物，水，等に関する汚染検査希望が増え，また住民に加え，遭難者探索の警察官，消防隊員，自衛隊員の汚染検査も必要となってきた。4 月下旬に，実験所の支援活動は次の局面を迎えたと判断した。

COLUMN

　人材派遣要請を受けた当初から，汚染検査を行う作業員としての支援派遣が実験所のあるべき姿か，放射線業務に関わる研究者・技術者としての別の支援方法があるのではないか，という議論があった。専門性を活かした支援を目指した実験所員たちは，本文で紹介した，KURAMA（Kyoto University RAdiation MApping system）の開発に着手する。4章で詳しく述べたように，福島原発事故直後，近隣のオフサイトセンターに配備されていたモニタリング車は汚染してしまい利用できず，広域の空間線量マップ作成は要所ごとに手作業で行っている状況であった。KURAMAは，放射線計測器以外の機器やソフトウェアは汎用のものを利用し，柔軟にシステムを構成することができるため，自動車に載せて走行しながら測定することで空間線量をリアルタイムに確認でき，迅速に広域マップを作る目的に適している。

　4月下旬，スクリーニング会場への移動走行を活用して，KURAMAの有効性と技術的な問題を探る実証試験を実施し，福島県原子力安全対策課にその利用を提案した。京都大学は福島県の指示協力の下，測定を行い，データは全て福島県に提供すること，運用試験段階では，京都大学の職員が測定を実施することを条件として提案し，これが同対策課に受け入れられ，5月10〜23日の期間，福島県原子力センターの指示協力の下，KURAMAの効率的な運用と測定の確度向上を目指した運用試験が実施された（隣県を含む広範囲測定や福島県内の高密度測定，局所的な徒歩サーベイ）。この活動は，総派遣日数14日，総派遣人数17人，総派遣人日数61人日の支援派遣となった。同支援によりKURAMAの有効性が認められ，福島県および文部科学省が指揮する空間線量測定に利用されていくことになる。以降も，KURAMAの技術指導と運用支援の活動は継続されている。

　これらの支援活動に当たっては，福島県原子力安全対策課や原子力センター，県内の各市町村職員や保健福祉事務所職員等の皆様のご協力をいただいた。また，災害発生直後の混乱した状況下で物資の乏しい中，多数の人員を受け入れて食事や宿泊場所の提供をしてくださった松島屋旅館の皆様にはひとかたならぬお世話になった。これらの方々の献身的な協力に支えられてこその現地支援であったことに，厚くお礼申し上げる。

COLUMN コラム 13

放射線を検知する波長変換材の研究
放射線計測・管理のブレイクスルーを求めて

京都大学原子炉実験所　（国研）量子科学技術研究開発機構
中村秀仁

　東電福島第一原子力発電所の事故の時，多くの人が「放射線を測ること」がいかに重要かを実感したと思う。私は，京都大学原子炉実験所が推進してきた原子力安全基盤科学プロジェクトの一環として，先端的な知識や革新的な技術開発を目ざし，かつ，原子力利用の重要な基盤である放射線安全管理や放射線計測の実務に寄与する研究を推進するという立場から，日常的に広く使われているプラスチック素材による放射線の検出に関する研究を行ってきた。ここでは，現在取り組んでいる，ベース材としてベンゼン環を有するプラスチックに数種類の蛍光剤を添加して製造される波長変換材の研究成果を紹介したい。

　光の色を変換する素材（波長変換材）は，光技術やアグリ事業などの分野では測定対象となる光を，放射線や原子力の分野では照射された放射線によりベース材に生じた光を，検出器や植物等が受光可能な波長へ変換するために利用されている。その歴史は約 100 年に及び，その間，波長変換のメカニズムは，添加した蛍光剤の吸収と再発光によると理解されてきた。しかし，私たちは伝統的な知識を破り，波長変換メカニズムに新しい解釈を与えた。

　従来の波長変換材製造では，定説に基づき変換対象となる光の波長と重なる吸収波長を有する蛍光剤の添加が不可欠である。しかし，添加する蛍光剤の選択には厳しい制約があるため，この課題を打破すべく，私たちは変換対象の光の波長と重ならない吸収波長の蛍光剤を敢えて選択し，その分子間距離を広範囲で制御することで光の応答を調べる，という斬新な手法を編み出した。その結果，光の波長はベース材と蛍光剤間に形成される電子状態を介して変換される，という従来にないメカニズムの存在を明らかにしたわけである。

　イノベーションは，科学と技術の好循環の爆発である。私たちの研究は，まさにこのことを体現している。長い間，この種の波長変換材における光変換は，蛍

光剤の機能によるもので，改良の余地はないと理解されていたため，新しい素材の開発や応用は停滞を余儀なくされてきた。しかし，この波長変換メカニズムの新たな解明は，ベース材に添加できる蛍光剤の選択肢を大幅に拡大し，利用目的に合わせた波長へ変換できる素材開発の可能性をもたらした。

　その結果，私たちは蛍光剤を使用せずともベース材の高純度化により波長変換材としての機能を付与できることを示したほか，それらのブレンドにより光学特性を随意に調整できることを実証した。私たちが示した波長変換材に関する科学的な理解は，放射線や原子力に関する材料分野の飛躍的な展開につながったほか，放射線に関する教育教材として優れた素材を見出す契機となった。今後イノベーティブな素材として利用幅を広げることが期待されており，さらに研究を進めたいと考えている。

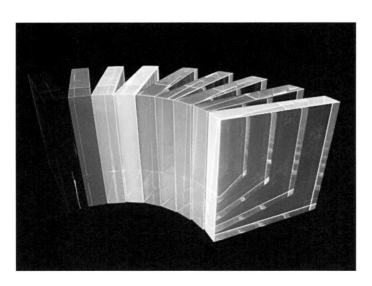

図1　ポリスチレンにベンゾキサンテン化合物を添加した波長変換材。

参考文献

第 1 章

[1] ICRP. ICRP Publication 103: The 2007 Recommendations of the International Commission on Radiological Protection. *Ann. ICRP*; 2007, 37 (2-4)
[2] ICRP. ICRP Publication 60: The 1990 Recommendations of the International Commission on Radiological Protection. *Ann. ICRP*; 1990, 21 (1-3)
[3] ICRP. ICRP Publication 30 (Part1): Limits for Intakes of Radionuclides by Workers. *Ann. ICRP*; 1979, 2 (3-4).
[4] ICRP. ICRP Publication 30 (Part 2): Limits for Intakes of Radionuclides by Workers. *Ann. ICRP*; 1980, 4 (3-4).
[5] ICRP. ICRP Publication 30 (Part 3): Limits for Intakes of Radionuclides by Workers. *Ann. ICRP*; 1981, 6 (2-3).
[6] ICRP. ICRP Publication 100: Human Alimentary Tract Model for Radiological Protection. *Ann. ICRP*; 2006, 36 (1-2)
[7] 放射線医学総合研究所．東京電力（株）福島第一原子力発電所事故に係る個人線量の特性に関する調査；2014
http://www.nirs.go.jp/information/event/report/2014/04_18/houkokusho.pdf
[8] 原子力安全委員会．環境放射線モニタリング指針；2010 年 4 月
http://www.nsr.go.jp/data/000168451.pdf

コラム 1

[1] ICRP, ICRP Publication 68: Dose Coefficients for Intakes of Radionuclides by Workers, *Ann. ICRP*, 1994, 24(4)
[2] ICRP, ICRP Publication 56: Age-dependent Doses to Members of the Public from Intake of Radionuclides: Part 1, *Ann. ICRP*, 1989, 20(2)
[3] ICRP, ICRP Publication 67: Age-dependent Doses to Members of the Public from Intake of Radionuclides: Part 2, Ingestion Dose Coefficients, *Ann. ICRP*, 1993, 23(3-4)
[4] ICRP, ICRP Publication 69: Age-dependent Doses to Members of the Public from Intake of Radionuclides: Part 3, Ingestion Dose Coefficients, *Ann. ICRP*, 1995, 25(1)
[5] ICRP, ICRP Publication 71 : Age-dependent Doses to Members of the Public from Intake of Radionuclides: Part 4, Inhalation Dose Coefficients, *Ann. ICRP*, 1995, 25(3-4)

[6] ICRP, ICRP Publication 72: Age-dependent Doses to Members of the Public from Intake of Radionuclides: Part 5, Compilation of Ingestion and Inhalation Dose Coefficients, *Ann. ICRP*, 1996, 26(1)

[7] ICRP, ICRP Publication 88: Doses to the Embryo and Fetus from Intakes of Radionuclides by the Mother, *Ann. ICRP*, 2001, 31(1-3)

[8] ICRP, ICRP Publication 95: Doses to Infants from Ingestion of Radionuclides in Mothers' Milk, *Ann. ICRP*, 2004, 34(3-4)

第 2 章

[1] ICRP. ICRP Publication 60: The 1990 Recommendations of the International Commission on Radiological Protection. *Ann. ICRP*; 1990, 21 (1-3)

[2] ICRP. ICRP Publication 30 (Part1): Limits for Intakes of Radionuclides by Workers. *Ann. ICRP*; 1979, 2 (3-4).

[3] ICRP. ICRP Publication 30 (Part 2): Limits for Intakes of Radionuclides by Workers. *Ann. ICRP*; 1980, 4 (3-4).

[4] ICRP. ICRP Publication 30 (Part 3): Limits for Intakes of Radionuclides by Workers. *Ann. ICRP*; 1981, 6 (2-3).

[5] ICRP. ICRP Publication 66: Human Respiratory Tract Model for Radiological Protection; 1994 24 (1-3)

[6] 栗原治．放医研による甲状腺内部被曝線量の推計．放射線と甲状腺がんに関する国際ワークショップ，セッション 2-3; 2014
http://fukushima-mimamori.jp/conference-workshop/2014/08/000143.html

[7] 福島国際医療科学センター：福島県「県民健康調査」報告（平成 23 年度～平成 25 年度）について ; 2017

[8] Harada K H. et al. Radiation dose rates now and in the future for residents neighboring restricted areas of the Fukushima Daiichi Nuclear Power Plant. *PNAS*; 2013 vol. 111 no. 10, E914-E923

[9] 被災動物の包括的線量評価事業，
http://www2.idac.tohoku.ac.jp/hisaidoubutsu/hajimeni.html

コラム 2

[1] Sun, XZ., Takahashi, S., Fukui, Y., Hisano, S., Kubota, Y., Sato, H., and Inoue, M. Neurogenesis of heterotopic gray matter in the brain of the microcephalic mouse. *J. Neurosci. Res.*;2001, 66:1083-1093.

コラム 3

[1] Garnier-Laplace, J., Beaugelin-Seiller, K. and Hinton, T.G. Fukushima wildlife dose reconstruction signals ecological consequences. *Environ. Sci. Technol.*; 2011, 45: 5077-

78.

[2] Kubota, Y. et al. Estimation of absorbed radiation dose rates in wild rodents inhabiting a site severely contaminated by the Fukushima Dai-ichi nuclear power plant accident. *J. Environ. Radioact.*; 2015, 142: 124-31.

[3] Kubota, Y. et al. Chromosomal aberrations in wild mice captured in areas differentially contaminated by the Fukushima Dai-Ichi nuclear power plant accident. *Environ. Sci. Technol.*; 2015, 49: 10074-83.

[4] Tanaka, S. et al. No lengthening of life span in mice continuously exposed to gamma rays at very low dose rates. *Radiat. Res.*; 2003, 160: 376-9.

[5] Tanaka, K. et al. Dose-rate effectiveness for unstable-type chromosome aberrations detected in mice after continuous irradiation with low-dose-rate γ rays. *Radiat. Res.*; 2009, 171: 290-301.

第 3 章

[1] 原子力安全委員会.「原子力施設等の防災対策について」平成 22 年 8 月一部改訂 http://warp.da.ndl.go.jp/info:ndljp/pid/9483636/www.nsr.go.jp/archive/nsc/shinsashishin/pdf/history/59-15.pdf

[2] IAEA. Planning For off-Site Response to Radiation Accidents in Nuclear Facilities.IAEA-TECDOC-225

[3] 塚田祥文他．土壌 - 作物系における放射性核種の挙動．日本土壌肥料学雑誌；2011, 82（5）：408-418.

[4] （公財）原子力安全研究協会．新版　生活環境放射線（国民線量の算定）；2011.

[5] 藤原慶子，髙橋知之，髙橋千太郎．福島第一原子力発電所事故により放射性テルルで汚染された白米の経口摂取による預託実効線量．保健物理；2016, 51（1）：19-26.

[6] 原子力規制委員会．平成 27 年度東京電力株式会社福島第一原子力発電所事故に伴う放射性物質の分布データの集約事業成果報告書　Part2. 空間線量率分布の予測モデルの開発．

[7] 厚生労働省食品ホームページ：http://www.mhlw.go.jp

[8] 農林水産省農産物ホームページ：http://www.maff.go.jp

[9] 須賀新一，市川龍資．防災指針における飲食物摂取制限指標の改定について．保健物理；2000, 35（4）：449〜466.

[10] World Health Organization; Preliminary dose estimation from the nuclear accident after 2011 Great East Japan Earthquake and Tsunami (2012).

[11] United Nations Scientific Committee on the Effects of Atomic Radiation; UNSCEAR 2013 Report: "Source, effects and risks of ionizing radiation", New York (2015).

[12] 厚生労働省；食品からの放射性物質の摂取量の測定結果について，Available at：http://www.mhlw.go.jp/stf/houdou/2r9852000002wyf2-att/2r9852000002wyjc.pdf（閲覧 2015 年 12 月 21 日）

[13] COOP　Fukushima; 2011 年度陰膳方式による放射性物質測定調査結果（2012 年 4 月

7 日更新), Available at : http://www.fukushima.coop/kagezen/2011.html (閲覧 2016 年 1 月 27 日)

コラム 5

[1] Kinashi, Y. et al. Internal radiation dose of KURRI volunteers working at evacuation shelters after TEPCO's Fukushima Daiichi nuclear power plant accident, In: S. Takahashi (ed.), *Radiation Monitoring and Dose Estimation of the Fukushima Nuclear Accident*, Springer; 2014, DOI 10.1007/978-4-431-54583-5

コラム 7

[1] Kashparov, V., Conney, S., Uchida, S., Fesenko, S., Krasnov, V. Food processing. In: IAEA. *Quantification of radionuclide transfer in terrestrial and freshwater environments for radiological assessments*. IAEA-TECDOC-1616, IAEA, Vienna ; 2009, pp. 577-604.
[2] 原子力環境整備促進・資金管理センター. 環境パラメータ・シリーズ 4 増補版 (2013 年) 食品の調理・加工による放射性核種の除去率. 原環センター技術報告書 RWMC-TRJ-13001-2; 2013
[3] Tagami, K., Uchida, S. Can we remove iodine-131 from tap water in Japan by boiling? : Experimental testing in response to the Fukushima Daiichi Nuclear Power Plant accident. *Chemosphere*; 2011, 84: 1282-1284.

第 4 章

[1] Governemt of Japan. Report of the Japanese Government to the IAEA Ministerial Conference on Nuclear Safety - The Accident at TEPCO's Fukushima Nuclear Power Stations; 2011.
[2] 福島県, 福島県原子力災害現地対策本部 (放射線班), 福島県災害対策本部 (原子力班). 福島県における土壌の放射線モニタリング調査結果 ; 2012, https://www.pref.fukushima.lg.jp/sec_file/monitoring/etc/dojou120406.pdf.
[3] 日本原子力学会, 佐藤一男, 安藤正樹, 平野雅司, 明比道夫, 藤井晴雄, 石川秀高, 長瀧重信, 山下俊一. 特集 チェルノブイリから 15 年——私たちが学んだこと. 日本原子力学会誌 ; 2002, 44: 161-202.
[4] N. Kaneyasu, H. Ohashi, F. Suzuki, T. Okuda and F. Ikemori. Sulfate Aerosol as a Potential Transport Medium of Radiocesium from the Fukushima Nuclear Accident. *Environmental Science & Technology*; 2012, 46: 5720.
[5] K. Adachi, M. Kajino, Y. Zaizen and Y. Igarashi, *Sci. Rep.* 3 (2013).
[6] 三澤真, 永森文雄. 緊急時迅速放射能影響予測 (SPEEDI) ネットワークシステム. *FUJITSU* 59 : 482; 2008.
[7] 日本原子力研究開発機構. 広域環境モニタリングのための航空機を用いた放射性物質拡散状況調査報告書 ; 2012, http://fukushima.jaea.go.jp/initiatives/cat03/index.html

[8] 気象庁予報部．毎時大気解析 GPV の提供について．配信資料に関する技術情報（気象編）第 196 号；2005, http://www.data.jma.go.jp/add/suishin/jyouhou/pdf/196.pdf
[9] 日本原子力研究開発機構．東京電力福島第一原子力発電所事故によるプラント北西地域の線量上昇プロセスを解析（お知らせ）；2011（平成 23）年 6 月 13 日，http://www.jaea.go.jp/02/press2011/p11061302/.
[10] G. Katata, H. Terada, H. Nagai and M. Chino. Numerical reconstruction of high dose rate zones due to the Fukushima Dai-ichi Nuclear Power Plant accident. *Journal of Environmental Radioactivity* 111；2012: 2.
[11] 津旨大輔．福島第一原子力発電所から放出された 137Cs の海洋中の挙動．*Isotope News*；2015 年 1 月号, 729: 36.
[12] 日立アロカ．多用途 GM サーベイメータ（型名 TGS-131）の測定値について；2011 年 6 月 11 日，http://www.hitachi-aloka.co.jp/images/product/radiation/SurveyMeters.pdf
[13] 長岡鋭，森内茂．航空機γ線サーベイシステム ARSAS, 保健物理；1990, 25: 391-398.
[14] 鳥居ら．広域環境モニタリングのための航空機を用いた放射性物質拡散状況調査．JAEA-Technology;2012, 2012-036, http://jolissrch-inter.tokai-sc.jaea.go.jp/pdfdata/JAEA-Technology-2012-036.pdf
[15] NKS. NKS-15, RESUME 99, Rapid Environmental Surveying Using Mobile Equipment; 2000, ISBN 87-7893-065-0.
[16] 長岡鋭，斎藤公明，坂本隆一，堤正博，森内茂．チェルノブイルにおける環境放射線調査．保健物理；1996, 31: 63~68, https://www.jstage.jst.go.jp/article/jhps1966/31/1/31_1_63/_pdf.
[17] 芳原新也，伊藤眞．可搬型 GPS 機能搭載環境放射線測定システムの構築とその応用．近畿大学原子力研究所年報；2008, 45: 1-12.
[18] 芳原新也．〈技報〉可搬型 GPS 機能搭載環境放射線測定システムの改良．近畿大学原子力研究所年報；2011, 48: 31-35.
[19] 文科省．文部科学省による放射線量等分布マップ（線量測定マップ）の作成について；2011, http://www.aec.go.jp/jicst/NC/iinkai/teirei/siryo2011/siryo35/siryo2-1.pdf
[20] 日本原子力研究開発機構．文部科学省 平成 23 年度放射能測定調査委託事業「福島第一原子力発電所事故に伴う放射性物質の第二次分布状況等に関する調査研究」成果報告書；2012, http://fukushima.jaea.go.jp/initiatives/cat03/entry02.html.
[21] 日本原子力研究開発機構．原子力規制庁委託事業「平成 25 年度東京電力（株）福島第一原子力発電所事故に伴う放射性物質の長期的影響把握手法の確立」事業成果報告書；2014.
[22] 原子力安全委員会．緊急時環境放射線モニタリング指針について；2008, http://search.e-gov.go.jp/servlet/PcmFileDownload?seqNo=0000037648．
[23] 原子力安全委員会．環境放射線モニタリング指針；2010, http://www.nsr.go.jp/archive/nsc/shinsajokyo/pdf/100327_kankyo_monita.pdf
http://fukushima.jaea.go.jp/initiatives/cat03/entry06.html.
[24] 福島県．走行サーベイシステム KURAMA による空間線量率測定について，報道発

表；2011 年 5 月，http://www.pref.fukushima.lg.jp/sec/16025c/genan28.html.
[25] 福島県．福島県における自動車走行サーベイモニタリング；2011-2, http://www.pref.fukushima.lg.jp/sec/16025d/soukou.html
[26] 原子力規制庁．放射線量等分布拡大サイト；2015, http://ramap.jaea.go.jp/map/.
[27] 津田修一．主任者コーナー "今こそ復習！" 主任者の基礎知識　第 9 回　線量測定の原理— G(E) 関数による線量測定手法—, *Isotope News*；2013 年 2 月号：59-62, http://www.jrias.or.jp/books/pdf/201302_SYUNINSYA_TSUDA.pdf.
[28] 日本原子力研究開発機構．放射性物質モニタリングデータの情報公開サイト；2014-1, http://emdb.jaea.go.jp/emdb/.

コラム 8

[1] 東京電力株式会社，福島第一原子力発電所放水口付近の海水からの放射性物質の検出について，平成 23 年 3 月 22 日, http://www.tepco.co.jp/cc/press/11032201-j.html
[2] 日本の環境放射能と放射線，http://www.kankyo-hoshano.go.jp/en/index.html.
[3] 東京電力株式会社，福島第一原子力発電所 2 号機取水口付近からの放射性物質を含む液体の海への流出について，平成 23 年 4 月 2 日，http://www.tepco.co.jp/cc/press/11040202-j.html
[4] Tsumune, D., Tsubono, T., Aoyama, M., Hirose, K., 2012. Distribution of oceanic 137Cs from the Fukushima Dai-ichi nuclear power plant simulated numerically by a regional ocean model. *J. Environ. Radioact.* 111, 100-108. http:// dx.doi.org/10.1016/j.jenvrad.2011.10.007.
[5] M. C. Honda, T. Aono, M. Aoyama, Y. Hamajima, H. Kawakami, M. Kitamura, Y. Masumoto, Y. Miyazawa, M.Takigawa and T. Saino, Dispersion of artificial caesium-134 and -137 in the western North Pacific one month after the Fukushima accident, *Geochemical Journal*, 46, e1-9, 2012.
[6] Aoyama, M., K. Hirose, K. Nemoto, Y. Takatsuki, D. Tsumune, Water masses labeled with global fallout 137Cs formed by subduction in the North Pacific, *Geophysical Research Letters*, 35, L01604, doi:10.1029/2007GL031964, 2008.
[7] Kumamoto, Y., Aoyama, M., Hamajima, Y., Aono, T., Kouketsu, S., Murata, A., Kawano, T., 2014. Southward spreading of the Fukushima-derived radiocesium across the Kuroshio extension in the North Pacific. *Sci. Rep.* 4, 4276. http:// dx.doi.org/10.1038/srep04276.
[8] Kaeriyama, H., Shimizu, Y., Ambe, D., Masujima, M., Shigenobu, Y., Fujimoto, K., Ono, T., Nishiuchi, K., Taneda, T., Kurogi, H., Setou, T., Sugisaki, H., Ichikawa, T., Hidaka, K., Hiroe, Y., Kusaka, A., Kodama, T., Kuriyama, M., Morita, H., Nakata, K., Morinaga, K., Morita, T., Watanabe, T., 2014. Southwest intrusion of 134Cs and 137Cs derived from the Fukushima Dai-ichi nuclear power plant accident in the western North Pacific. *Environ. Sci. Technol.* 48, 3120e3127.
[9] Fukuda, M., Aono, T., Yamazaki, S., Nishikawa, J., Otosaka, S., Ishimaru, T., Kanda, J.,

2017, Dissolved radiocaesium in seawater off the coast of Fukushima during 2013–2015. *J. Radioanal. Nucl. Chem.* DOI 10.1007/s10967-016-5009-9.

[10] 文部科学省，宮城県・福島県・茨城県沖における海域モニタリング（海底土）結果＜第一報＞，平成 23 年 5 月 27 日，20110527_1305744_0527.pdf

[11] 環境省，平成 23 年度水生生物放射性物質モニタリング調査結果，平成 24 年 7 月 2 日，20120702_result_ao120702.pdf（一例として）

[12] Fukuda, M., Yamazaki, S., Aono, T., Yoshida, S., Ishimaru, T., Kanda, J.（2015）The distributions of radiocaesium in seawaters and sediments collected in the Niida River estuary, Fukushima Prefecture. In: *Proceedings of International Symposium on Radiological Issues for Fukushima's Revitalized Future* 66–69.

[13] S. Okikawa, T. Watabe, H. Takata, Distributions of Pu isotopes in seawater and bottom sediments in the coast of the Japanese archipelago before and soon after the Fukushima Dai-ichi Nuclear Power Station accident, *J. Environ. Radio.*, 2015; 142:113-123. DOI: 10.1016/j.jenvrad.2015.01.003.

[14] Zheng, J., Tagami, K., Watanabe, S., Uchida, S., Aono, T., Ishii, N., Yoshida, S., Kubota, Y., Fuma, S. and Ihara, S.（2012）Isotopic evidence of plutonium release into the environment from the Fukushima DNPP accident. *Sci. Rep.* 2, 304, doi:10.1038/srep00304.

[15] W. T. Bu, M. Fukuda, J. Zheng, T. Aono, T. Ishimaru, J. Kanda, G. Yang, K. Tagami, S. Uchida, Qiuju Guo, M. Yamada: Release of Pu isotopes from the Fukushima Daiichi Nuclear Power Plant accident to the marine environment was negligible, *Environmental Science & Technology*, 48, 9070-9078, 2014-08, DOI:dx.doi.org/10.1021/es502480y.

[16] W. T. Bu, J. Zheng, T. Aono, J. W. Wu, K. Tagami, S. Uchida, Q. J. Guo, and M. Yamada, Pu Distribution in Seawater in the Near Coastal Area off Fukushima after the Fukushima Daiichi Nuclear Power Plant Accident, *Journal of Nuclear and Radiochemical Sciences*, 15, 1, pp. 1-6, 2015.

[17] 中島映至，大原利眞，植松光男，恩田裕一，福島第一原発事故の概要，原発事故環境汚染 福島第一原発事故の地球科学的側面，pp. 1-6，中島映至，大原利眞，植松光男，恩田裕一 編，東京大学出版会，2014.

[18] 水産庁，水産物の放射性物質調査の結果について，http://www.jfa.maff.go.jp/j/housyanou/kekka.html, 120330_result_jp.xls.

[19] 水産庁，水産物の放射性物質調査について（平成 28 年 8 月現在），http://www.jfa.maff.go.jp/j/sigen/gaiyou/attach/pdf/index-1.pdf.

[20] IAEA, Technical Report Series No.422 Sediment Distribution Coefficient and Concentration Factors for Biota in the Marine Environment. 2004.

[21] T. Aono, Y. Ito, T. Sohtome, T. Mizuno, S. Igarashi, J. Kanda, and T. Ishimaru, Observation of Radionuclides in Marine Biota off the Coast of Fukushima Prefecture After TEPCO's Fukushima Daiichi Nuclear Power Station Accident, *Radiation Monitoring and Dose Estimation of the Fukushima Nuclear Accident*, S. Takahashi（ed.），115 - 123, 2014-01, DOI: 10.1007/978-4-431-54583-5_11, Springer.

[22] ICRP, Environmental protection: the concept and use of reference animals and plants, ICRP publication 108, 2008.
[23] 久保田善久，環境の放射線防護と東電福島第一原発事故の環境影響調査，*Isotope News* No.707，pp.18-20，日本アイソトープ協会，2013
[24] UNSCEAR, ANNEX E EFFECTS OF IONIZING RADIATION ON NON-HUMAN BIOTA, SOURCES AND EFFECTS OF IONIZING RADIATION, UNSCEAR 2008 Report to the General Assembly with Scientific Annexes, p.242-254, 2008.
[25] UNSCEAR, SOURCES AND EFFECTS OF IONIZING RADIATION, UNSCEAR 2013 Report to the General Assembly with Scientific Annexes, p.267-270, 2013.

コラム 10

[1] 鳥居，眞田，杉田，田中，航空機モニタリングによる空間線量率と放射性セシウムの沈着量の評価，日本原子力学会誌; 2012, 54(3): 160-165.
[2] Sanada, Y., Y. Nishizawa, *et al.*, The aerial radiation monitoring in Japan after the Fukushima Daiichi nuclear power plant accident, *Prog. Nucl. Sci. and Tech.*; 2014, 4 : 76-80.
[3] 原子力規制委員会，福島県及びその近隣県における航空機モニタリングの測定結果について，平成 29 年 2 月 13 日
[4] Okuyama, S., T. Torii. A. Suzuki, M. Shibuya, and N. Miyazaki. A remote monitoring system using an autonomous unmanned helicopter for nuclear emergencies, *J. Nucl. Tech., Suppl.* ; 2008, 5 : 414.
[5] 眞田，西澤，山田他，原子力発電所事故後の無人ヘリコプターを用いた放射線測定，JAEA-Research 2013-049
[6] Sanada, Y. and T. Torii. Aerial radiation monitoring around the Fukushima Dai-ichi nuclear power plant using an unmanned helicopter, *J. Environ. Radioact.*; 2015, 139: 294-299.
[7] Sanada, Y., T. Orita, and T. Torii, Temporal variation of doserate distribution around the Fukushima Daiichi nuclear power station using unmanned helicopter, *App. Rad. Isotopes*, 118, 308-316 (2016)
[8] Nishizawa, Y, M. Yoshida, Y. Sanada, and T. Torii, Distribution of the ^{134}Cs/^{137}Cs ratio around the Fukushima Daiichi nuclear power plant using an unmanned helicopter radiation monitoring System, *J. Nucle, Sci, Tech.*, 53(4), 468-474 (2016)
[9] 鳥居建男，眞田幸尚，山田勉，村岡浩治，穂積弘毅，佐藤昌之（UARMS 開発チーム）．無人飛行機による放射線モニタリング技術．*Isotope News*; 2014, No. 727: 30-34.
[10] 佐藤昌之，村岡浩治，穂積弘毅，眞田幸尚，山田勉，鳥居建男．Multiple Model Approach による構造化ロバスト制御器設計法を適用した放射線モニタリング無人固定翼機の飛行制御則設計——福島県浪江町における放射線モニタリング飛行．計測自動制御学会論文集; 2015, 51 : 215-225.
[11] 鳥居建男，眞田幸尚．空からの遠隔放射線モニタリング，「放射性物質除去技術集成」，第 2 編 モニタリング技術，第 1 章 計測・測定技術，第 4 節 無人機・ロボットを利

用した測定技術 ; 2015，pp.213-220，（株）エヌ・ティ・エス．

コラム 11

[1] 長岡鋭・森内茂．航空機 γ 線サーベイシステム ARSAS．保健物理 ; 1990, 25: 391-398.
[2] 長岡鋭・斎藤公明・坂本隆一・堤正博・森内茂．チェルノブイルにおける環境放射線調査．保健物理 ; 1996, 31: 63-68.
[3] Saito, K., Tanihata, I., Fujiwara, M., Saito, T., Shimoura, S., Otsuka, T., Onda, Y., Hoshi, M., Ikeuchi, Y., Takahashi, F., Kinouchi, N., Saegusa, J., Seki, A., Takemiya, H., Shibata, T. Detailed deposition density maps constructed by large-scale soil sampling for gamma-ray emitting radioactive nuclides from the Fukushima Dai-ichi Nuclear Power Plant accident. *J. Environmental Radioactivity*; 2015, 139: 240-249.
[4] Tanigaki, M., Okumura, R., Takamiya, K., Sato, N., Yoshino, H. Yamana, H. Development of a car-borne g-ray survey system, KURAMA. *Nucl. Instr. Meth. A*; 2013, 726: 162–168.
[5] 斎藤公明．マップ調査の舞台裏．*RADIOISOTOPES*; 2013, 62: 791-798.
[6] 文部科学省．平成 23 年度放射能測定調査委託事業「福島第一原子力発電所事故に伴う放射性物質の第二次分布状況等に関する調査研究」成果報告書 ; 2012, http://fukushima.jaea.go.jp/initiatives/cat03/entry02.html
[7] Kinase, S., Takahashi, T., Sato, S., Sakamoto, R., Saito, K. Development of Prediction Models for Radioactive Caesium Distribution within the 80km-Radius of the Fukushima Daiichi Nuclear Power Plant. *Radiat. Prot. Dosim*; 2014, 160: 318-321.
[8] 堤正博・斎藤公明・森内茂．実効線量当量単位に対応した NaI(Tl) シンチレーション検出器の G(E) 関数（スペクトル - 線量変換換算子）の決定．JAEA-M-91-204; 1991.
[9] International Commission on Radiation Units and Measurements (ICRU). Gamma-ray spectrometry in the environment. *ICRU Repot* 53; 1994.

第 5 章

[1] ICRP. ICRP Publication 4: Protection Against Electromagnetic Radiation above 3 MeV and Electrons, Neutrons and Protons. *Annals of the ICRP*; 1958
[2] ICRP. ICRP Publication 28: Principles for Handling Emergency and Accidental Exposures of Workers. *Annals of the ICRP*; 1977, 2 (1)
[3] ICRP. ICRP Publication 9: Recommendations of the ICRP. ; 1958
[4] ICRP. ICRP Publication 22: Implications of Commission Recommendations that Doses be Kept as Low as Readily Achievable. *Annals of the ICRP*; 1973
[5] ICRP. ICRP Publication 103 : The 2007 Recommendations of the International Commission on Radiological Protection. *Annals of the ICRP*; 2007, 37 (2-4)
[6] 国会・東京電力福島原子力発電所事故調査委員会．報告書 ; 2012 年
[7] 政府・東京電力福島原子力発電所における事故調査・検証委員会．最終報告 ; 2012 年

おわりに

　本書は福島原子力発電所の事故後4年間にわたって京都大学原子炉実験所で実施された原子力安全基盤科学研究プロジェクトの成果に基づくものである。したがって，事故発生から本書の原稿が整うまでに5年数か月が経過し，出版は事故後6年を経てなされた。なによりもまず，長期にわたりプロジェクトの実施と本書の取りまとめにご協力いただいた多くの方に，心より御礼を申し上げたい。特にプロジェクトを統括され推進してこられた山名元先生，事務局員として研究の実施や国際シンポジウムの開催，本書の原稿の取りまとめなどを担当して下さった仲谷麻希氏には大変感謝している。本書の上梓には，事故から6年，執筆の開始から2年を要したのであるが，最終の原稿を読みかえして，この時間経過は無駄でなかったと感じている。事故後の熱い思いはそのままに，客観的に科学として将来に伝えたい部分を明確にできた。あたかもウィスキーが醸造後の熟成によってそのスピリッツとしての香りを際立たせていくように，事故の経験を踏まえながら放射線管理学の分野で多くの人に伝えたいことが明確になったと感じている。

　放射線管理学は，原子力科学はもとより，物理化学から計測学，環境科学，医学生物学に至る幅広いフィールドにまたがる学問分野である。したがって従来の放射線防護・管理学に関する書籍は，多数の著者がその専門分野を担当して執筆することが多かった。しかし，本書では内容や難易度などの全体的な統一を取るため，あえて少数の主著者で本文を執筆し，専門的に深い記載が求められところや最新の話題などについては，コラムという形でその分野の専門の研究者に執筆をお願いした。このような意図をくみ取っていただき，非常に多くの方がコラムの形で執筆くださった。感謝の念に堪えない。できるだけ簡潔に分かり易くということもあり，コラムにはある程度字数の

制限をさせていただいた。そのような字数制限の中で，非常に内容が濃く，分かり易いコラムを執筆いただいた担当者に感謝している。ただ，字数制限もあったことから必ずしも包括的，総合的な記載にはなっていないと思う。執筆いただいた方々は，その分野の専門家であると同時に，気軽に質問できる筆者の良い友人たちである。ご質問やご意見など，遠慮なくお寄せいただきたい。

　なお，上述のように本書は主として，原子炉実験所で実施された原子力安全基盤科学研究プロジェクトの成果に基づくものであるが，加えて一部には環境省委託事業「平成 28 年度原子力災害影響調査等事業（放射線の健康影響に係る研究調査事業）」で行われた研究の成果が含まれていることを付記しておく。

索引

[A-Z]
ALAP（As low As Practicable：
　　実用可能な限り低く） 204
　　→ 放射線防護の基本原則
ALARA（As Low As Reasonably
　　Achievable：
　　合理的に達成できる限り低く）
　　204, 207 → 放射線防護の基本
　　原則
CompactRIO　162
DNA
　DNA 一重鎖切断　29
　DNA 二重鎖切断　30
Dose Coefficient　→ 線量係数
Dropbox　156
G(E) 関数法　163
Google Earth　155
IAEA（International Atomic Energy
　　Agency：国際原子力機関）　199
ICRP（International Commission of
　　Radiological Protection：
　　国際放射線防護委員会）　199
　1977 年勧告　202
　1990 年勧告　202
　2007 年勧告　202
KML ファイル形式　156
KURAMA（Kyoto University RAdiation
　　MApping system）
　――の運用　158
　――の開発　150
　――の構成　153

KURAMA-II
　――の開発と利用　160
　――の緊急時の可能性　174
　――の現在までの運用　164
　――の今後の展開　168
　――の狙い　161
KURAMA-m　168
LabVIEW　155
LNT 仮説 → 直線しきい値なし仮説　46
SPEEDI（緊急時迅速放射能影響予測
　　ネットワークシステム）　128
TC（Transfer Coefficient）　92
　　→ 移行係数
TF（Transfer Factor）　92 → 移行係数
UARMS（Unmanned Airplane for
　　Radiation Monitoring System：
　　無人飛行機によるモニタリング
　　システム）　189
UNSCEAR（United Nations Scientific
　　Committee on the Effects of
　　Atomic Radiation：原子放射線の
　　影響に関する国連科学委員会）
　　199
W-SPEEDI-II　129

[あ行]
α 線　5
移行係数
　TC（Transfer Coefficient）　92
　TF（Transfer Factor）　92
移行係数モデル　88

——と不確実性　88
遺伝的影響　32
飲食物摂取制限に関する指標値　85, 95
ウラン鉱夫　52
影響（effect）　28
　確定的——　39-40
　確率的——　39, 41
　身体的——　32
　早期——　33
　遅発——　35
　晩発——　30, 33, 35
　人以外の生物への——　59
X線　5
オフサイトセンター　143

[か行]
ガイガー・ミュラー（GM）計数管　184
介入線量レベル　94, 97　→　線量
介入免除レベル　98
外部被曝　47
外部被曝　70　→　内部被曝, 被曝
　——線量　71　→　線量
壊変数　8
海洋汚染　131, 176
海洋生物への影響　176
ガウスプルームモデル　86
確定的影響　39-40　→　影響
核燃料物質　17
核反応生成物　18
核分裂生成物　18
確率的影響　39, 41　→　影響
陰膳方式　107
過剰相対リスク　44
可食部（作物の）　73
ガラスバッジ個人線量測定　111　→　線量
環境生物　63
環境中での動態（放射性物質の）　220
環境放射線モニタリング指針　143, 147
環境倫理／環境倫理学　214-215
乾性沈着　71
がんの危険度（リスク）　43
γ線　5
基準値の設定　96, 104
規制対象核種　99
吸収線量　9　→　線量
急性影響　34
急性障害　30
吸入摂取　50
経皮吸収　50
経根吸収経路　72
経口摂取　50
原子放射線の影響に関する
　　国連科学委員会　→　UNSCEAR
減弱係数　7
行為の正当化　204, 209
航空機サーベイ　136
航空機モニタリング　187
光子放射線　5
呼吸器代謝モデル　21, 49
　　　→　内部被曝の被曝線量評価
国際原子力機関　→　IAEA
国際放射線防護委員会　→　ICRP
個人線量当量　13　→　線量
個人の線量限度　204　→　線量

[さ行]
最大飛程（放射性物質の）　7
参考レベル　213
暫定規制値　94
しきい値　40
しきい線量　42　→　線量
実効線量　11　→　線量
　——換算係数　12
湿性沈着　71
実用量　13
シナリオ　86
　——の設定　88

241

——不確実性　89
指標生物　60
重度精神発達遅滞　36
　　　　→胎児期の放射線被曝
周辺線量当量　13　→線量
障害（hazard）　28, 30
消化管モデル　21, 49
　　　　→内部被曝の被曝線量評価
照射線量　9　→線量
初期被曝線量評価　78　→線量
職業被曝　201　→被曝
食品安全基本法　96
食品区分　103
食品健康影響評価　96
食品中放射性核種濃度比の推定　99
食品規制　94
身体的影響　32　→影響
シンチレーション検出器　184
スクリーニング　224
積算線量計　185
世代間衡平　216
世代間正義　216
世代間倫理　216
線量
　線量係数　12, 20, 49
　線量限度　201, 213
　線量拘束値　213
　線量拘束値（dose constraint）　203
　線量評価と染色体異常　63
　線量評価の方法　49
　介入——レベル　94, 97
　外部被曝——　71
　ガラスバッジ個人——測定　111
　吸収——　9
　個人——当量　13
　個人の——限度　204
　しきい——　42
　実効——　11
　周辺——当量　13
　等価——　10

早期影響　33　→影響
早期障害　30
走行サーベイ　137
組織荷重係数　11
組織損傷　40
損害（detriment）　31　→確率的影響

［た行］
ダイアルペインター　55　→職業被曝
大気拡散モデル　86
胎児期の放射線被曝　37　→被曝
胎児の奇形　36
地域間の不均衡　216
遅発影響　35　→影響
中性子線　6
直接沈着経路　72
直線しきい値なし（Linear non-
　　threshold：LNT）仮説　46
電離箱　183
電離放射線　4
等価線量　10　→線量
動的コンパートメントモデル　91-92
　　——と不確実性　92

［な行］
内部被曝　11, 72　→被曝
　——線量の計算　20
　——線量の評価　47
　　呼吸器代謝モデル　21, 49
　　消化管モデル　21, 49
年齢区分　104
野ネズミ　63　→環境生物

［は行］
白内障　43
バックグラウンドレベル　83
パラメータ　87
　——不確実性　89
半導体検出器　184
晩発影響／晩発性障害　30, 33, 35

→ 影響
人以外の生物への影響　59
被曝
　外部——　47, 70
　内部——　11, 72
　職業——　201
　胎児期の——　37
飛程　6
被曝経路
　福島原発事故後の——　76
　平常時の原子力発電所の——　74
標準人　22
標準動植物　63
比例計数管　184
ファントム　22
フィッションプロダクト（FP）　18
福島県地域防災計画　142
福島原発事故
　——後の空間線量率　132
　——での環境モニタリング　144
　——での健康影響　56
　——での周辺環境の放射能汚染　123
　——での放射性物質の挙動　126
物理的減衰定数　87
物理量　8
不妊　43
プルーム　70
β線　5
崩壊数　8
防護の最適化（Optimization）　204, 211
防護量　10
防災基本計画　142

放射化生成物　19
放射性核種の体内動態　21
放射線　4
　——影響研究　221
　——荷重係数　10
　——の透過性　6
放射線量の単位　8
放射線防護の基本原則
　ALAP（As low As Practicable：実用可能な限り低く）　204
　ALARA（As Low As Reasonably Achievable：合理的に達成できる限り低く）　204, 207
放射能の単位　8
歩行サーベイ　136

［ま行］
マーケットバスケット法　107
無人飛行機によるモニタリング
　→ UARMS
無人ヘリを用いた測定　188
モデル計算　82
モデル不確実性　89
モニタリング　82
モニタリングポスト　135

［や行］
誘導介入濃度　95
預託実効線量　11, 106

［ら行］
粒子放射線　5

著者紹介

髙橋千太郎（たかはし せんたろう；編集責任者，第 1, 2, 4, 5 章，コラム 2 執筆）
京都大学原子炉実験所放射線安全管理工学研究分野 教授 （兼）農学研究科地域環境科学専攻放射線管理学分野　教授
京都大学大学院農学研究科を修了後，放射線医学総合研究所でプルトニウムの内部被曝影響に関する研究に従事。以後，放射性物質や環境有害物質の健康影響と安全管理に係る研究を実施。平成 17 年より放射線医学総合研究所理事（研究担当），平成 20 年より現職。

髙橋知之（たかはし ともゆき；第 3 章執筆）
京都大学原子炉実験所放射線安全管理工学研究分野 准教授 （兼）農学研究科 地域環境科学専攻放射線管理学分野　准教授
京都大学大学院工学研究科を修了後，日本原子力研究所（現日本原子力研究開発機構）に勤務。京都大学原子炉実験所助手，助教授を経て，平成 20 年より現職。環境中における放射性物質の移行評価および線量評価に関する研究を継続するとともに，放射線安全管理業務や原子力防災関連業務に従事。

谷垣　実（たにがき みのる；第 4, 5 章執筆）
京都大学原子炉実験所核ビーム物性学研究分野 助教 （兼）理学研究科物理学・宇宙物理学専攻物理学第二分野 助教
大阪大学大学院理学研究科博士後期課程単位取得退学後，1996 年東北大学 講師（研究機関研究員），1999 年より現職。研究テーマは中性子過剰核の核構造と不安定核を利用した物性研究，加速器や物理計測機器制御。

稲葉次郎（いなば じろう；コラム 1 執筆）
放射線医学総合研究所名誉研究員，公益財団法人放射線影響協会参与
1963 年放医研入所，環境衛生研究部および内部被曝研究部に所属して放射線安全研究に従事，1999 年研究総務官として退職。この間 IAEA 環境放射能安全担当，ICRP 第 2 専門委員会委員を歴任。

著者紹介

久保田善久（くぼた よしひさ；コラム 3 執筆）
国立研究開発法人量子科学技術研究開発機構 放射線医学総合研究所 福島再生支援本部 環境影響研究チーム チームリーダー
東京農工大学農学部獣医学科を卒業後，放射線医学総合研究所で放射線影響関連の研究に従事。東電福島第一原発事故後，福島の環境生物に及ぼす原発事故の影響に関する研究を実施。平成 29 年 4 月より福島再生支援本部の専門業務員。

山西弘城（やまにし ひろくに；コラム 4 執筆）
近畿大学原子力研究所 教授 （兼）総合理工学研究科エレクトロニクス系工学専攻 教授
名古屋大学工学研究科博士課程後期課程を単位修得退学後，核融合科学研究所安全管理センターで環境放射線放射能測定や核融合プラズマ実験施設における遮蔽設計，放射線安全システムの構築に従事。以後，放射線モニタリングの高度化に係る研究を実施。平成 23 年より近畿大学原子力研究所准教授，平成 25 年より現職。

木梨友子（きなし ゆうこ；コラム 5 執筆）
京都大学原子炉実験所放射線安全管理工学研究分野 准教授 （兼）農学研究科地域環境科学専攻放射線管理学分野 准教授
京都大学医学部附属病院放射線科勤務後，アメリカ合衆国ハーバード大学で放射線誘発突然変異に関する研究に従事。平成 5 年より京都大学原子炉実験所にて硼素中性子捕捉療法に関する生物影響や放射線管理に係る研究を実施。

塚田祥文（つかだ ひろふみ；コラム 6 執筆）
福島大学環境放射能研究所 副所長 教授
北海道大学水産学部卒業後，東北大学大学院農学研究科で学位取得。環境科学技術研究所で 22 年間主に陸域環境における放射性核種の移行動態研究に従事。以後，環境における存在形態別放射性核種と安定元素を駆使し，環境中での放射性核種の挙動研究に従事。東電福島第一原発事故後，原子力安全委員会，厚労省，農水省，青森県，茨城県，鹿児島県，福島県，浪江町等の委員を歴任，平成 26 年より現職。

田上恵子（たがみ けいこ；コラム 7 執筆）
国立研究開発法人量子科学技術研究開発機構 放射線医学総合研究所 福島再生支援本部 環境移行パラメータ研究チーム チームリーダー
筑波大学第二学群農林学類を卒業後，放射線医学総合研究所で長半減期核種の陸上環境挙動に係る研究を行う。テクネチウム-99 の水田中挙動に関する研究で京都大学農学部より博士号（論文）を授与。

青野辰雄（あおの たつお；コラム 8 執筆）
国立研究開発法人量子科学技術研究開発機構 放射線医学総合研究所 福島再生支援本部 環境動態研究チーム チームリーダー
近畿大学大学院化学研究科博士課程を修了後，放射線医学総合研究所で海洋における放射性核種に関する研究に従事。海洋環境における放射性核種の動態や海洋放射生態学に関する研究を実施。平成 28 年 4 月より現職。

八島　浩（やしま ひろし；コラム 9 執筆）
京都大学原子炉実験所放射線安全管理工学研究分野 助教 （兼）農学研究科地域環境科学専攻放射線管理学分野 助教
平成 16 年東北大学工学研究科を修了後，京都大学原子炉実験所助手，平成 19 年より現職。高エネルギー粒子入射による誘導放射能や 2 次放射線に関する研究に従事。

鳥居建男（とりい たつお；コラム 10 執筆）
日本原子力研究開発機構 福島研究開発部門 廃炉国際共同研究センター 遠隔技術ディビジョン長
1982 年に旧動力炉・核燃料開発事業団に入社後，環境放射線，放射線計測の研究に従事。東電福島第一原発事故後，航空機モニタリング，遠隔放射線測定技術の開発を行う。博士（工学）

斎藤公明（さいとう きみあき；コラム 11 執筆）
日本原子力研究開発機構 福島研究開発部門 福島環境安全センター 嘱託
東京工業大学原子核工学科を終了後，日本原子力研究所に入所し，環境放射線の測定・解析，人体モデルを用いた被曝線量評価に関する研究を実施。東電福島第一原発事故後は，国による大規模環境調査のプロジェクトに従事。

藤井俊行（ふじい としゆき；コラム 12 執筆）
大阪大学大学院工学研究科環境・エネルギー工学専攻 教授
大阪大学大学院工学研究科を修了後，京都大学原子炉実験所助手，助教授，准教授を経て，平成 28 年より現職。液体中における核種・同位体の溶存状態と分離特性に関わる研究に従事。

著者紹介

佐藤信浩（さとう　のぶひろ；コラム 12 執筆）
京都大学原子炉実験所粒子線物性学研究分野 助教
京都大学大学院工学研究科高分子化学専攻修了，1998 年より現職。量子ビーム散乱による高分子材料や食品のナノ構造解析に関する研究に従事。

中村秀仁（なかむら ひでひと；コラム 13 執筆）
京都大学原子炉実験所放射線安全管理工学研究分野 助教　（兼）農学研究科地域環境科学専攻放射線管理学分野 助教
大阪大学大学院理学研究科にて平成 18 年に博士（理学）を取得し，（独）放射線医学総合研究所を経て，平成 23 年より現職。放射線計測，保健物理に関する研究を実施。

仲谷麻希（なかたに まき；全体構成，編纂事務局）
京都大学原子炉実験所非常勤職員
高校在学中に 1 年間アメリカへ交換留学
ミューズ音響芸術学院卒業後，会議音響オペレーター，一般企業事務などを経て 2012 年から同実験所原子力安全基盤科学研究プロジェクト事務に従事。

原子力安全基盤科学　3
放射線防護と環境放射線管理　　　©Sentaro TAKAHASHI 2017

2017年9月8日　初版第一刷発行

　　　　　　　　　　総合編集　　髙　橋　千太郎
　　　　　　　　　　発 行 人　　末　原　達　郎

　　　　　　　　　京都大学学術出版会
　　　　　　　　　京都市左京区吉田近衛町69番地
　　　　　　　　　京都大学吉田南構内（〒606-8315）
　　　　　　　　　電　話　（075）761-6182
　　　　　　　　　FAX　（075）761-6190
　　　　　　　　　URL　http://www.kyoto-up.or.jp/
　　　　　　　　　振替　01000-8-64677

ISBN978-4-8140-0109-5　　　　印刷・製本　　㈱クイックス
Printed in Japan　　　　　　　　装　幀　　森　　　　華
　　　　　　　　　　　　　　　定価はカバーに表示してあります

本書のコピー，スキャン，デジタル化等の無断複製は著作権法上での例外を除き禁じられています。本書を代行業者等の第三者に依頼してスキャンやデジタル化することは，たとえ個人や家庭内での利用でも著作権法違反です。